Chemische Technik/Verfahrenstechnik

Springer

Berlin
Heidelberg
New York
Barcelona
Budapest
Hongkong
London
Mailand
Paris
Santa Clara
Singapur
Tokio

Rolf Staal · Veit Buch

TQM – Leitfaden für Produktions- und Verfahrenstechnik

Mit 96 Abbildungen

 Springer

Dipl.-Ing. Rolf Staal
Gartenfeldstraße 18
D - 65527 Niedernhausen

Dr. Veit Buch
Albert-Schweitzer-Straße 10
D - 65812 Bad Soden

Herausgeber der Reihe Chemische Technik/Verfahrenstechnik

Prof. Dr.-Ing. H.Gelbe, Institut für Prozeß- und Anlagentechnik,
Technische Universität Berlin, Straße des 17. Juni 135, 10623 Berlin

Prof. Dr. Dr. H. P. K. Hofmann, Rathsbergerstraße 21, 91058 Erlangen

ISBN 3-540-60878-8 Springer-Verlag Berlin Heidelberg New York

Die Deutsche Bibliothek – Cip-Einheitsaufnahme
Staal, Rolf:
TQM-Leitfaden für Produktions- und Verfahrenstechnik / Rolf Staal ; Veit Buch.
- Berlin ; Heidelberg ; New York ; Barcelona ; Budapest ; Hongkong ; London ;
Mailand ; Paris ; Santa Clara ; Singapur ; Tokio : Springer, 1996
    ISBN 3-540-60878-8
NE: Buch, Veit:

© Springer-Verlag Berlin Heidelberg 1996
Printed in Germany

Satz: Fotosatz-Service Köhler OHG, Würzburg
SPIN: 10471237   02/3020 - 5 4 3 2 1 0 - Gedruckt auf säurefreiem Papier

Vorwort

Grau ist alle Theorie – farbig und lebendig wird erst die nützliche, erfolgreiche Anwendung. Grausig sind statische Systeme und Organisationen – sie verhindern das Lernen, das mit vorurteilslosem Erkenntnisgewinn beginnt und in erreichtem Fortschritt endet, um wieder von Neuem zu beginnen. Konzepte sind jedoch notwendig und dürfen nicht mit nutzlosen Theorien verwechselt werden, die beim „richtigen" Arbeiten nur stören. Viele Praktiker beweisen gern ihre Kompetenz in möglichst stressigen Feuerwehr-Aktionen, die sie vorwiegend einzeln und instinktiv durchstehen, dabei aber weder Planung noch Systeme oder Theorien berücksichtigen. Auf der anderen Seite scheuen die „Theoretiker" die Praxis und lieben die Intellektualität in der reinen Welt der Lehre.

Aus langjähriger und vielfältiger Erfahrung mit der Auslegung und Verwirklichung von Qualität in Einheiten der Hoechst AG wurde klar, daß die Vertreter beider Richtungen aufeinander zugehen müssen und in einer Synthese, in der sowohl Kreativität und Intuition als auch Führung durch Leitbilder und Strategie mit unterstützenden Strukturen und Methoden zum Erfolg des einzelnen, der Gruppe und des ganzen Unternehmens wirksam werden müssen. Das vorliegende Buch konnte nur aus diesen Erfahrungen heraus entstehen.

Wir danken allen, die sich von der Qualitätsidee angesprochen fühlten, sich erstaunlich engagiert haben und uns durch intensive Gespräche gezeigt haben, was in der Qualitätsarbeit wichtig, richtig und möglich ist. Nicht zuletzt der freiwilligen Teamarbeit und der offenen Kommunikation der Qualitätsbeauftragten von Geschäftsbereichen und Ressorts der Hoechst AG ist es zu verdanken, daß hier eine Konzeption vorgestellt werden kann, die eine mensch- und erfolgsorientierte Synthese aus Theorie und Praxis darstellen soll. Besonderer Dank gilt unseren Kollegen sowie Herrn J. H. Runge für generelle Wegweisung in TQM.

Bad Soden a.Ts./Niedernhausen a.Ts., August 1996   Veit Buch, Rolf Staal

Inhaltsverzeichnis

Abkürzungsverzeichnis

C_p	Prozeßfähigkeit (Process Capability)
C_{pk}	kritische Prozeßfähigkeit (Critical Process Capability)
C_{po}	Prozeßfähigkeit an der oberen Toleranzgrenze
C_{pu}	Prozeßfähigkeit an der unteren Toleranzgrenze
OEG_R	obere Eingriffsgrenze für Spannweiten
OEG_{R_2}	obere Eingriffsgrenze für gleitende Spannweiten
OEG_{x_i}	obere Eingriffsgrenze für Einzelwerte
$OEG_{\overline{X}}$	obere Eingriffsgrenze für Mittelwerte
R_2	gleitende Spannweite
$\overline{R}_2$	Mittelwert der gleitenden Spannweiten
$\overline{R}$	Mittelwert der Spannweiten
$\tilde{R}$	Medianwert der Spannweiten
UEG_{x_i}	untere Eingriffsgrenze für Einzelwerte
$UEG_{\overline{X}}$	untere Eingriffsgrenze für Mittelwerte
V_b	Variabilität innerhalb der Stichprobe zum Zeitpunkt der Stichprobe
V_m	Variabilität des Meßsystems
V_p	Variabilität des Prozesses
V_r	resultierende Variabilität aus V_m und V_p
V_z	Variabilität über die Zeit, zwischen den Stichproben
X_i	Einzelwert
X_i-R_2-Karte	Einzelwertkarte mit gleitender Spannweite
$\overline{X}$-R-Karte	Mittelwert- und Spannweitenkarte
$\overline{X}$	Mittelwert der Einzelwerte
$\overline{\overline{X}}$	Mittelwert der Mittelwerte

Einleitung

Warum dieses Buch?

Der Erfolg eines Unternehmens ist die Bestätigung durch die Kunden, ein attraktives Preis-/Leistungsverhältnis der angebotenen Produkte und Leistungen erarbeitet zu haben.

Erfolg und Bestätigung sind sowohl für den einzelnen als auch für ein Unternehmen, das ja ein von einzelnen getragenes soziales Gebilde ist, von fundamentaler und existentieller Bedeutung in psychologischer, persönlichkeitsbildender, kulturbeeinflussender und nicht zuletzt finanzieller Hinsicht.

Erfolg schafft Vertrauen

- für den Einzelnen: Selbstvertrauen, Mut und Zuversicht, Engagement, Kreativität
- für Mitarbeiter: Vertrauen in das Unternehmen, seine Repräsentanten, seine Strategien, seine Leitbilder
- für Kunden: Vertrauen auf Qualität der Produkte, Leistungen, Innovationen
- für die Öffentlichkeit: Vertrauen auf Steuerzahlungen und auf ehrliche, verläßliche Unternehmenspolitik
- für Kapitalgeber: Vertrauen auf Kapitalverzinsung

Erfolg und Vertrauen bestimmen die Attraktivität eines Unternehmens für seine gesamte Umwelt. Diese Erkenntnis soll ausdrücklich nicht als neu verkauft und etwa als „Erfolgs"- oder „Vertrauens-Management" propagiert werden. Wir müssen uns aber klar bewußt sein, daß unternehmerisches Denken und Handeln langfristig und verläßlich auf den einzelnen Menschen bezogen sein muß, um wirksam Erfolg und Vertrauen gewinnen zu können.

Aufgrund der herausragenden Bedeutung von Erfolg existiert ein florierender Markt von Literatur-, Seminar- und Beratungsangeboten, die allen Willigen und Fleißigen grundlegende und andauernde Verbesserungen des Ist-Zustandes verheißen.

So ist zu verstehen, daß dogmatische, ideologische, teilweise verbitterte und an religiöse Eiferei erinnernde Streitigkeiten ausgetragen werden, welche der angepriesenen Philosophien und Methoden die richtigen und allumfassenden seien. Allein der Ausdruck „Qualitäts-Guru" oder „Universelle Sequenz" mögen als Beweis dienen.

Der Markt funktioniert

Der Markt um das Thema Erfolg funktioniert so gut, daß selbst die Sekundär-Literatur kaum zu überschauen ist. Inhaltliche Aufnahme und Verarbeitung scheint manchmal lediglich theoretische Trockenübung von Instituten und Hochschulen zu bleiben. Nach wirklicher industrieller Anwendung, die über Studien- oder Projekt-Charakter hinausgeht, sucht man oft vergebens. Diese Abkopplung von der Praxis führt dazu, daß Führungskräfte sich oft nur noch oberflächlich informieren, um mitreden zu können: Mehr oder weniger spöttisch wird im Kollegenkreis zitiert, daß Methode X völlig aus der Mode gekommen sei und nun „Leimruten" mit der neuen Methode Y ausgelegt werden. Es wird kolportiert, daß sich „Gurus" einen Namen machen und Consultants lediglich Geld verdienen wollen.

Möglicherweise kennen manche Führungskräfte weder Inhalt der Methoden noch haben sie sich über praktische Erfahrungen bei der Anwendung informieren können. Artikel über Mißerfolge werden gern verwendet, um eigenes Nichtstun im Nachhinein zu begründen. Der Alltag ist hektisch und aufzehrend genug. Mancher spürt Defizite und meint, aktiv werden zu müssen. Vollkommen überzeugt ist er aber nicht und verwirft den Gedanken an einen grundlegenden Ansatz. So wird eine neue Methode relativ konzeptionslos vielleicht als kleines, von vornherein verzagtes „Pilotprojekt" erprobt und scheitert dann aus Mangel an Unterstützung oder gar an Bekämpfung und Ignoranz der herkömmlich geführten Umgebung.

Über die Gründe von Mißerfolgen wird nicht lange nachgedacht. Oft wird die für einen Erfolg notwendige Infrastruktur gar nicht wirksam bereitgestellt, das Ausprobieren verkommt zur Alibi-Aktion. Gerade Großunternehmen verspielen hier die enorme Chance, mit dem vorhandenen, oft unterschätzten Sachverstand und Veränderungswillen der Mitarbeiter neue Konzepte zu entwickeln, Risiken abzuschätzen und zu minimieren und schließlich die als die besten erachteten Konzepte in einem genügend großen und selbständigen Umfang auszuprobieren. Hier könnten sich neue Ideen beweisen und Mitarbeiter freie Unternehmerluft spüren.

Viele Unternehmen sind in Hektik und Aktionismus verfangen, weil ihre Führungskräfte keine überzeugenden Leitbilder, Strategien und Organisationsformen entwickelt haben und entsprechend handeln. „Prinzip Hoffnung" regiert: Vielleicht kommt der nächste Konjunkturaufschwung gerade zur rechten Zeit. Marktanteile gingen möglicherweise verloren und nicht länger haltbare Geschäfte wurden kurzerhand zu „Randgebieten" oder „Commodities" erklärt, abgestoßen oder aufgegeben. Insgesamt aber ist man noch einmal davongekommen. Reicht das „Prinzip Hoffnung" nicht aus, wird ungehemmt gejammert und über Zustände geklagt, die immer jenseits des eigenen Verantwortungsbereiches liegen. Gemeinsames statt einsames Jammern ist offenbar noch schöner und ungeheuer modern, führt aber oft zu schleichender Akzeptanz von unhaltbaren Zuständen. Es ist selbst eine jämmerliche Ersatzhandlung.

Weitere Ersatzhandlung ist die Flucht in sekundäre Probleme. Statt über die 35-Stunden-Woche oder Modelle zur Arbeitszeitverkürzung mit und ohne Lohnausgleich zu streiten oder sogar zu streiken, sollten wir besser überlegen, wie wir unsere verlorene Wettbewerbsfähigkeit in Produktion, Dienstleistung und Innovation wiedererlangen können. Müssen wir unbedingt den Weg der Amerikaner der 80er Jahre gehen, als gewaltige Rückstände an Produktivität und Qualität wettgemacht werden mußten, als viele Arbeitnehmer arbeitslos wurden oder ein Teil von ihnen Lohnkürzungen von bis zu 18% hinnehmen mußten? Beschäftigen wir uns ausreichend mit den Grundlagen unserer Zukunft? Kluge Analysen und Rechthabereien sind genug propagiert worden. Zuviel Analyse, oft im Kreisverkehr, zeigt Unsicherheit und führt zu Paralyse. Wo bleibt die Handlung?

Handlung ist gefragt

Originäre Handlung ist, gemeinsam den Erfolg anzustreben und sich mit vollem Engagement um Bestätigung zu bemühen. Handlung beginnt mit der Suche nach einem ganzheitlichen, konsensfähigen Ansatz und der Bestimmung, welche Teile davon in Eigenverantwortung zur Ausführung übernommen werden. Die Suche nach allgemeingültigen Prinzipien in der Flut von Erfahrungsberichten, Literatur und Beratungsangeboten ist weder mühsam noch schwer für alle, die sich von Namen wie TQM, Benchmarking, Reengineering, Change Management usw. nicht abschrecken lassen und mit kritischem Geist die dargebotenen Philosophien und Methoden auf Inhalte durchleuchten und eine erfolgversprechende Umsetzung suchen.

Neue Kreationen von Management-Techniken werden dann nicht mehr ausschließlich auf der Meta-Ebene mit intellektueller Lust oder Unlust zur Kenntnis genommen, sondern vor allem auf Potential von tatsächlich verbessernder Wirksamkeit hin untersucht. Sind die als allgemeingültig erkannten Prinzipien in Leitbilder und Strategie-Vorgaben eingestellt, so kehrt die Ruhe der Überzeugung ein, gemeinsam das Richtige zu tun. Darauf aufbauend kann sich Vertrauen entwickeln mit seinen vielfältigen bereits angedeuteten Wirkungen.

In diesem Sinn soll das Buch ein Wegweiser für diejenigen sein, die sich noch in unübersichtlichem Gelände sehen, aber die Gewißheit spüren, sich dringend ändern zu müssen, um im Wettbewerb zu bestehen. Es sollen sich Einsichten und Erfahrungen aus vielschichtiger Kommunikation und Handlung in einem Großunternehmen wiederfinden, die jeder Führungskraft Klarheit und Sicherheit bei Konzeptentwicklung und Handlungsableitung bieten.

Erfolg als Weg, nicht als Ziel!

Wir laden nicht zu einer vergnüglich-unverbindlichen philosophischen Fernost-Reise für Phantasten ein, sondern zu harter, aber lohnender Arbeit, die langfristig Orientierung geben und persönlich wie gemeinschaftlich nutzen kann.

1 Total Quality Management

1.1
Entwicklung des Begriffs

Der Begriff „Total Quality Management" (TQM) entwickelte sich aus dem ursprünglichen Qualitätsverständnis als Übereinstimmung von spezifizierten mit tatsächlich festgestellten Merkmalswerten von Produkten. Die Lernfähigkeit speziell der japanischen Unternehmen zeigt sich in der Wandlung des Begriffsinhaltes der Qualität ab 1950, als die japanischen Waren noch international für schlicht unverkäuflich gehalten wurden. Bei der Suche nach Möglichkeiten der Verbesserung dieses Zustandes stieß die Japan Union of Scientists and Engineers (JUSE) auf die Lehren des US-Amerikaners Dr. Deming. Deming gelang es in verschiedenen Vortragsreisen durch Japan, die absolute Wichtigkeit der Kundenorientierung überzeugend zu erklären und die Anwendung statistischer Methoden im gesamten Prozeß von der Rohstoff-Prüfung über die Herstellung bis zur Messung der Kundenreaktion in praktischen Beispielen darzulegen. Mit der Einführung des Deming-Preises im Jahre 1951 galt es als nationale Herausforderung, die auf diese Weise sehr umfassend definierte Qualität durch die Anwendung statistischer Methoden zu messen und zu verbessern. Ab 1954 entwickelte man aufgrund der Vorträge von Dr. Juran in Japan das Leitbild des „Quality Managements", das in der Innenwirkung ab 1962 die intensive Einführung der Qualitätszirkel beinhaltete und in der

Tabelle 1.1. Entwicklung des Qualitätsmanagements in Japan

Zeit	Ziel/Norm	Qualitäts-Stufe	Deming-Testat
1950–1965	Anwendung statistischer Methoden	Quality Control	außergewöhnlicher Erfolg durch Statistik
ab 1954	Generalisierung des Qualitätsgedankens	Entwicklung des Qualitätsmangementes	
ab 1962	Beteiligung der Mitarbeiter	Qualitätszirkel	
1965–1980	Wettbewerbsfähigkeit	Quality Management	wettbewerbsfähige Produkte und Services
1980–heute	Kreative Qualitätsführrerschaft	Total Quality Management	weltweite Exzellenz von Produkten und Services

Außenwirkung auf globale Wettbewerbsfähigkeit abzielte. Die Verwirklichung dieses Leitbildes hatte bekanntermaßen international größten Erfolg. Ab etwa 1980 wurde mit „TQM" die dritte Stufe propagiert, die die kreative Qualitätsführerschaft zur Norm erhebt, deren Erreichung nur bei weltweiter Exzellenz von Produkten und Service von den Deming-Juroren testiert wird (Tabelle 1.1).

Bereits im Jahre 1951 prophezeite Deming, daß durch die Anwendung von Statistischer Prozeßkontrolle (SPC) der Weltmarkt erobert werden würde.

In Deutschland wird der beschriebene fundamentale Begriffswandel mit den damit verbundenen inhaltlichen Innovationssprüngen immer noch unzureichend oder überhaupt nicht verstanden. Viel zu wenige Unternehmen bedienen sich der hervorragend dokumentierten und ausgearbeiteten Möglichkeiten, TQM konsequent als Straße des Erfolgs zu nutzen. Der Name „TQM" ist natürlich nicht vorgegeben und kann von den Unternehmen individuell selbst definiert werden. In diesem Kapitel soll gezeigt werden, daß TQM ein ganzheitliches konzeptionelles wie direkt handlungsbezogenes Angebot darstellt, das für jeden Teilnehmer sichtbar, portionierbar, meß- und korrigierbar ist. Bei TQM steht der Mensch im Mittelpunkt, von dem wir immer wieder hören und lesen, daß er die größte und wichtigste Ressource eines Unternehmens, einer Gruppe, eines Staates sei. Oft fühlen sich diejenigen Kräfte in einem Unternehmen, die zukunftsweisende methodische Arbeit leisten, wie Rufer in der Wüste, die keine durchgreifende Unterstützung erfahren und deren Ansätze Einzelaktionen bleiben. Mit TQM kann aus diesen Ansätzen ein breit getragener Aufbruch werden, der aus Unsicherheit, Mutlosigkeit und Unterlassung herausführt.

1.2
Erster Schritt und erste Managementebene:
Leitbilder als Ausdruck normativen Managements

In einem Unternehmen wirken ständig Leitbilder, die von jedem einzelnen Mitarbeiter in grundverschiedener Art und Ausprägung vertreten werden, unabhängig davon, inwieweit die Leitbilder mit denen des Unternehmens in Einklang stehen. Daher ist das Verständnis von Funktion und Wirkungsweise von Leitbildern für den Unternehmenserfolg unerläßlich [1–3].

Wo Menschen sinnvoll zusammenarbeiten sollen, sind Leitbilder unabdingbar. Dies gilt für einzelne Personen als Mitglieder von Gruppen wie Familien- und Freundeskreisen, Mitmenschen im Arbeitsumfeld und in größeren Zusammenhängen von Unternehmen bis zu Volksgruppen. Menschen fühlen sich zu „Gleichgesinnten" hingezogen und wirken voller Engagement an der Erreichung der Ziele solcher Gruppen mit. Der Begriff „Gleichgesinnte" führt anschaulich in die psychische Sphäre des Menschen und drückt einen grundsätzlichen ideellen Bedarf an Sinngebung oder Leitbildern aus, die im Einklang mit der eigenen Vorstellungswelt stehen und die Gelegenheit geben, sich zu identifizieren.

Leitbilder dienen nicht nur der Orientierung innerhalb der Gruppen, sie sind absolut notwendig in der Kommunikation mit der Umwelt, d.h. mit anderen Gruppen oder Meinungen. Ohne ein überzeugendes, nach innen und außen kommuniziertes Leitbild vermittelt jede Gruppe Orientierungslosigkeit, ist in der gesellschaftlichen Diskussion angreifbar und weitgehend wehrlos.

In unserer modernen Gesellschaft, in der viele soziale Ideale verwirklicht sind, wird seit geraumer Zeit lebhaft über „Sinnentleerung" und „Werteverlust" diskutiert, was sicher auch als eine Folge der weitgehenden Erfüllung der Grundbedürfnisse angesehen werden kann. Über Sinnentleerung, Werteverlust und Orientierungslosigkeit wird auch in politischen Parteien diskutiert, deren Vertreter schon aus Gründen der Machterhaltung Sensibilität für alles entwickelt haben, was ihre Wähler bewegt. Viele Menschen, Gruppen und Interessenvertreter sehen in den Politikern die allmächtige Instanz für vorurteilsfreie Erkenntnis und entsprechende Machtausübung zum Besseren. Man verlangt klare Leitbilder und sucht Identifizierungsmöglichkeiten. Aus folgendem beispielhaftem Bekenntnis können wir jedoch ersehen, daß Politiker sich nicht allein imstande sehen, diese Erwartungen zu erfüllen. Aus der Erkenntnis heraus, daß eine solche Aufgabe gewaltig und nur im Konsens mit allen Kräften gemeinsam zu definieren und in der Umsetzung zu lösen ist, wurde von herausragenden Vertretern sozialdemokratischer Richtung das Manifest „Weil das Land sich ändern muß" verfaßt, aus dem wir hier einige Sätze zitieren [4]:

„Statt Aufbruchstimmung durch die Wiedervereinigung macht sich Resignation breit. Die Bürger sind frustriert, Regierung wie Opposition ohne Elan und ohne Vision. Das meiste wird dem Zufall überlassen. Es ist, als rase die Geschichte wie ein ungesteuerter, reißender Fluß an uns vorüber, während wir, die am Ufer stehen, die bange Frage stellen, wohin er wohl führen wird. Jeder hat den Wunsch, daß darüber nachgedacht wird, wie es vermutlich in zehn Jahren in der Welt aussehen wird, vielmehr aussehen sollte, und was wir tun müssen, um dorthin zu gelangen. Aber niemand hat ein Konzept. Alle sind gleichermaßen ratlos, keiner scheint sich über die obwaltenden Tatsachen Rechenschaft zu geben, weder in der Welt noch bei uns zu Haus. Typisch dafür ist, wie im Bereich der Entwicklungshilfe die Fakten einfach nicht zur Kenntnis genommen werden. ...

Das Anspruchsdenken wird weder von den Parteien noch von der Regierung bekämpft, es durchdringt vielmehr über die Interessenverbände und die Volksvertretungen alle verantwortlichen Schichten. Dem Wunsch des Publikums nach Wohlstandserhaltung entspricht der Wunsch der Repräsentanten, der Regierungen und Verbände nach Machterhaltung. Die Konzeptionslosigkeit hat bei den Bürgern Resignation und Mißmut erzeugt, weil sie den Verdacht hegen, die Parteien stritten nur um die Macht, anstatt sich mit der Lösung von Problemen zu beschäftigen. ...

Konzepte fehlen und Visionen

... Man könnte also meinen, die Gemeinsamkeit sei sichergestellt. Aber ganz im Gegenteil findet eine Renationalisierung, also eine Aufsplitterung statt. Vielleicht ist es unvermeidlich, daß ein Gefühl des Verlorenseins den einzelnen ergreift angesichts des Vernetztseins in einer weltweiten Anonymität. Vielleicht flüchten darum viele Menschen in den ihnen vertrauten engsten Kreis. Sie suchen ihre Identität in der angestammten Heimat, in Konfession, Sprache, Nationalität. ...

Europa ist doch an letzter Stelle ein geographischer oder geopolitischer Begriff. Viel entscheidender ist das, was Europa als Inhalt aufzuweisen hat, und das ist in den verschiedenen Epochen höchst unterschiedlich gewesen. In der großen Zeit aber standen immer Philosophie und Kultur im Mittelpunkt des Interesses, waren die meisten ihrer Vertreter ebenso zu Hause in Paris und Padua wie in Krakau oder Prag."

Die Verfasser des Manifestes geben in diesem Text das offene und klare Bekenntnis eines Leitbild-Defizites und als Lösung des Problems den Hinweis auf die Philosophie als einheitgebende, ganzheitliche Wissenschaft, die grundsätzlich das „Wesen der Dinge" ergründen will. Wichtig ist der Schluß, daß nur eine ideologiefreie Rückbesinnung einen erfolgreichen Neubeginn erlaubt, der in einem ersten Schritt die Erarbeitung eines ganzheitlichen, konsensfähigen Konzeptes beinhaltet. Alle Kräfte werden aufgerufen, sich zu beteiligen. Der Ruf nach einer Rückbesinnung über grundlegende philosophische Erkenntnisse verwundert nicht, führte doch eine ungeheure Differenzierung in Wissenschaft, Kultur, Politik, Gesetzgebung etc. zu einer nicht mehr zu überblickenden Komplexität. Es droht daraus eine allgemeine Erstarrung, in der notwendige, schnelle und grundlegende Handlung zur Verbesserung immer schwieriger möglich ist. Allein die Zusammenhänge, die zur Bildung des Begriffs „Eurosklerose" geführt haben, sollen hier als Beweis genügen. Um kein Leitbild-Stückwerk mit zu großen Lücken und fehlendem Konsens zu entwerfen, muß in wenigstens groben Zügen ein ganzheitliches Konzept gegeben sein, an dem sich z. B. Industrieunternehmen mit einem passenden Teil beteiligen. Fehlt dieses ganzheitliche Konzept, so ist es falsch, diesen Zustand zu bejammern und zu warten, bis die dafür angeblich zuständige Instanz dieses Konzept vorlegt. Vielmehr sind auch hier Mut und Eigeninitiative gefragt, die ihren Ausgangspunkt und ihre Verankerung lediglich in philosophischen Grunderkenntnissen haben müssen, um die angesprochene Konzept-Bedingung erfolgreich zu erfüllen.

Nach konsensfähigen Leitbildern rufen einvernehmlich auch zwei weitere Vertreter von Instanzen, denen man nicht nur die klaren Analysen, sondern vor allem die richtige Handlungsableitung zutraut [5]:

Heinz Riesenhuber: „Wenn wir die kürzesten Arbeitszeiten, die höchsten Einkommen und das stärkste Sozialsystem durchhalten wollen, müssen wir eindeutig besser sein als die anderen. ... Wenn 1990 bis 1993 die Löhne um 23 Prozent, die Produktivität aber nur um 7,5 Prozent gestiegen ist, dann ist hier der Bogen überspannt worden. Die neuen Techniken werden also kommen. Die Frage ist, ob sie in Deutschland kommen werden, und ob sie in Deutschland rechtzeitig kommen werden. ... Kapital ist mobil und Technik ist mobil. Die Staaten sind nicht mobil. Im Wettbewerb der Standorte muß Deutschland überlegen sein. ... Mit dem Paradigma der mittleren Technik, mit dem wir in den 80er Jahren so erfolgreich waren, kommen wir in den 90er Jahren nicht mehr durch."

Walter Riester: „Die Beurteilung des Erfolges wirtschaftlicher Prozesse allein nach Gewinn und Umsatzwachstum erweist sich immer mehr als ein

Kurs, den wir im Interesse einer gesellschaftlich, sozial und ökologisch verträglichen Entwicklung korrigieren müssen. ... Anerkennung der Gegenseite und Zuhören sind zentrale Grundlagen, um Interessengegensätze in zivile Bahnen lenken zu können und Konflikte beherrschbar zu machen. ... Die IG Metall kann und will den Zwang zur Kostensenkung nicht ignorieren. Wir wollen aber die Wege und Ziele der Kostensenkung beeinflussen, wir wollen schützen und gestalten. ... Wer die Arbeitslosigkeit wirklich bekämpfen will, dem gegenüber sind wir bereit, über unkonventionelle Vorschläge ernsthaft zu diskutieren."

Diese zwei Aussagen sind bezeichnend für ein starkes Gespür von Defiziten an Leitbildern in allen gesellschaftlich relevanten Gruppen. Natürlich kann es keinen Leitbildentwurf ohne Berücksichtigung philosophischer Erkenntnisse geben, stellen uns diese Erkenntnisse doch selbst das grundsätzlichste Leitbild überhaupt zur Verfügung.

Philosophie heißt wörtlich übersetzt „Liebe zur Weisheit" oder „Streben nach Wissen". Die Fragen dieser „Wissenschaft des Wesentlichen" umfassen das Erkenntnisproblem, das Wirklichkeitsproblem und das Wertproblem. Kennzeichnend für die philosophische Betrachtungsweise ist die kritische Selbstbesinnung. Während der Wissenschaftler sein Interesse ausschließlich dem Gegenstand zuwendet, den er erkennen will, ist sich der Philosoph bewußt, daß es ein Mensch ist, der erkennt, versteht und wertet. Der Mensch bildet die Wirklichkeit nicht so ab, wie sie ist, sondern sieht sie gemäß seiner Sinne, seines Bewußtseins, der Erfahrung, des Wissens und Willens. Wahrhaftige, Menschen ansprechende Elemente für klare, orientierende Leitbilder müssen daher in der Philosophie wurzeln [6–8].

Hätte die chemische Industrie nicht ihre chemisch-technische Wissenschaft als das allein ausschlaggebende Objektive angesehen, das doch jedem klar denkenden Menschen von selbst einleuchtet, sondern den philosophischen Ansatz als umfassender und als beachtenswerter eingeschätzt, so wäre manches Mißverständnis nicht aufgekommen.

1.2.1
Bedarf an Wertewandel

Sinnentleerung und Werteverlust haben eine Vorstufe, der mit „Bedarf an Wertewandel" beschrieben werden kann. In dramatischer Übertreibung wird diese Vorstufe in der Diskussion oft voreilig übergangen. Da der gewerbliche Bereich natürlich nicht losgelöst vom allgemeinen Geschehen lebt, zeigt sich auch hier Bedarf an Wertewandel. Leider wurde in der Industrie teilweise bis heute nicht erkannt, daß die alte Nachkriegs-Leitbildkette nicht mehr tragen kann, weil die dazu passenden Bedürfnisse befriedigt worden sind. Viele Führungskräfte in den Unternehmen haben die Defizite zwar gespürt, aber nicht gut und überzeugend genug gehandelt. Manche hastig entwickelten und propagierten Leitbilder haben sich dann als unpassend erwiesen und wurden selbst von Führungskräften als bloßes Papier oder PR-Aktion belächelt und in den weiteren Ebenen folgerichtig als aufgesetzt oder gar als geheuchelt empfunden.

Das diesbezügliche Versagen der Industrie begann bereits Anfang der 80er Jahre, als die Diskussion der „Lebensqualität" aufkam. Insbesondere bestimmte Arbeitnehmervertreter und politische Kräfte dokumentierten allein schon mit der Begriffsbildung, daß grundlegende soziale Leitbilder ihr Soll erfolgreich erfüllt hatten und nun neue Leitbilder den zukünftigen Weg bestimmen sollten. Die Industrie ließ zu, daß Lebensqualität ausschließlich als Freizeitqualität definiert wurde und versäumte es, die Grundlage jeder Lebensqualität zu benennen, nämlich ein funktionierendes, erfolgreiches Wirtschaftssystem. In diesem Sinn ist Arbeitsqualität die Grundlage jeder Lebensqualität.

1.2.2
Entwicklung von Leitbildern

Die Entwicklung überzeugender eigener Leitbilder ist für Unternehmen unverzichtbar. Dies wird besonders deutlich in der Umkehrbetrachtung, wenn man die Wirkung fehlender oder unglaubwürdiger Leitbilder beleuchtet. Sie besteht in einer fatalen Folge von Rückzug der Mitarbeiter in Welten außerhalb des Unternehmens: Vertrauensverlust in die Führung, geheuchelte Loyalität, nachlassendes Engagement, geistige Kündigung, Passivität, Aggressivität, Depression. Die vorhandene Akzeptanz, sich führen zu lassen, erlischt. Man besinnt sich auf persönliche Ideale, die oft keinen Bezug mehr zur Arbeit und zum Unternehmenserfolg haben.

Sozialfalle

Bei der Entwicklung von Leitbildern ist Behutsamkeit gefragt. Besonders verhängnisvoll ist die Sozialfalle, in die Politik und Industrie bereits gegangen sind. So ist das sozialpolitische Leitbild der Subventionierung nicht wettbewerbsfähiger Branchen und Unternehmen ein Irrweg, der in eine Perversion des Sozialgedankens mündet. Statt nach den wahren Ursachen der Schwächen zu suchen, werden alte Strukturen künstlich am Leben gehalten, ohne daß ein Hauch einer Sanierungsmöglichkeit besteht. Die Signale eines solchen Leitbildes sind verheerend, suggerieren sie doch jedem Menschen, daß das Verharren am Alten belohnt wird. Genau genommen führt dieses Leitbild zu Zukunftsvernichtung, denn die verwendeten Mittel wären viel besser in neue Zukunftspositionen investiert worden. Freier Geist und frischer Mut werden düpiert. Da Geld lediglich Gegenwert für erbrachte Leistung ist, sollte sorgsamer und zukunftsorientierter Umgang Verpflichtung sein. Werden diese einfachen Zusammenhänge mißachtet, sind die Grundlagen des Sozialstaates bald verloren.

Auch in Industrieunternehmen werden oft falsche, alte Strukturen subventioniert. Man hält zu lange an unrentablen Arbeitsplätzen in objektiv nicht mehr sanierbaren und konkurrenzfähigen Bereichen fest, koste es auch die Eigenständigkeit der Firma: Reicht die eigene Finanzkraft nicht mehr aus, so hängt man sich weinerlich an den Sozial-Tropf und läßt sich subventionieren. Dies gelingt paradoxerweise um so leichter, je mehr Verbündete man hat: Tritt man möglichst branchenweise im Rudel auf, fließen die Subventionen in Strömen.

Abstraktions- und Zeitfalle

Erich Kästner: „Es gibt nichts Gutes, außer man tut es."

Leitbilder haben die Eigenschaft, je abstrakter desto allgemeingültiger, zeitunabhängiger, anonymer und weniger handlungsableitender zu sein. Auf dem höchsten Abstraktionsniveau kann sich jeder identifizieren (edel sei der Mensch, hilfreich und gut ...), die Realisierung ist jedoch wenig zwingend. Leitbilder, die nur rein ideologisch überzeugen und in der Praxis wertlos oder hinderlich sind, führen in die Abstraktionsfalle. Fast jeder Mensch wird sich anschließen, wenn Freiheit, Frieden, Sicherheit und Wohlstand versprochen werden und sich dabei selbst als edel und gut empfinden. Um aber zu dauerhaften Erfolgen im Sinn des Leitbildes zu gelangen, bedarf es entscheidend mehr als geistiger Identifikation mit einem Hochglanzpapier abstrakten Inhalts.

Selbst langzeitig erfolgreiche Leitbilder können sich in ihrer Wirkung umkehren, wenn nicht erkannt wird, daß sie den Anforderungen und Bedingungen nicht mehr genügen. Gerade weil sie erfolgreich waren, werden sie ungern zu Gunsten eines neuen, nicht erprobten Leitbildes aufgegeben. Das Leitbild wird zur nicht antastbaren Doktrin und führt in den Ruin. Beispiele sind ehemals erfolgreiche Familienunternehmen, die vom Patriarchen oder dessen Nachfolgern zu lange nach altem Muster geführt wurden, ohne daß der erforderliche Wandel vollzogen wurde. Selbst ganze Branchen und Großunternehmen zerbrachen daran, daß Leitbilder, die nicht das natürliche, evolutionäre, dynamische Phänomen des Wandels in sich tragen, zur Lähmung führten.

1.2.3
Kommunikation, Policy Deployment

Leitbilder, Leitlinien und Strategie müssen überzeugend kommuniziert werden. Nur so kann Unsicherheit und Zukunftsangst begegnet werden. Wirksam wird das Konzept erst, wenn es von allen Mitarbeitern in der Umsetzung mitgetragen wird. Dies ist nicht als Holschuld der Mitarbeiter mißzuverstehen, sondern eine Anforderung an die Führungskräfte, jedem Mitarbeiter beste Gelegenheit zu geben, sich selbst einzubringen.

Eingedenk der Wichtigkeit, daß das Leitbild nachweislich angestrebt und die Differenz zwischen Soll und Ist tatsächlich immer kleiner wird, wurde der Begriff „Policy Deployment" gebildet. Erfolgreiche Unternehmen in USA und Japan erachten das Element der Entfaltung der Unternehmenspolitik als entscheidend für die andauernde Wettbewerbsfähigkeit. Sie orientieren sich dabei an Leitbildern und Leitlinien, die die rein finanziellen Vorgaben teilweise nur noch als Ergebnis anderer Kriterienfelder erscheinen lassen. Zum Beispiel überzeugen sich die Vorstandsvorsitzenden (C.E.O.'s, Chief Executive Officers) von Deming- und Malcolm-Baldrige-Preisträgern durch persönlich ausgeführte Überprüfungen, die bei einigen Firmen A-Audits genannt werden, mit welchen Maßnahmen die Leiter der einzelnen Unternehmenseinheiten die formulierte Firmenpolitik umgesetzt haben, wieweit sie gekommen sind und wie die weitere Planung aussieht. Bei diesen Überprüfungen nimmt der C.E.O. eine Mitstreiter-Rolle, nicht etwa eine Polizei-Funktion wahr. Das „Wir wollen"-Gefühl wird verstärkt vermittelt durch das propagierte „Management for Objectives", das zum herkömmlichen „Management by Objectives" eine klare Weiterentwicklung in Richtung Einzel- und Gruppenverantwortung darstellt. Finanzielle und nicht-finanzielle Ziele und Ergebnisse werden dabei in einem engen Zusammenhang gesehen.

1.3
Organizational Learning als wesentliches Ziel von Leitbildern

Organizational Learning ist die Erkenntnis-, Lern- und Handlungsfähigkeit in einer Organisation (Unternehmen). Diese Fähigkeiten erlangen in einem Umfeld, das eine enorme Änderungsdynamik entwickelt hat (s. vorherigen Abschnitt), zunehmend existentielle Bedeutung. Ein Unternehmen wird nur dann überleben, wenn es sensibel genug ist, diese Änderungen zu bemerken und möglichst so zu agieren, daß ein Wettbewerbsvorteil erarbeitet und gehalten werden kann. Wer von den Begriffen „Cultural Change", „Corporate Change" oder „Change Management" spricht, meint vor allem diese Zusammenhänge, die in erster Linie vom Topmanagement gesteuert werden müssen. Dabei wird klar erkannt, daß in der logischen Kette von der Erkenntnis des Änderungsbedarfs bis zur dauerhaften Verhaltensänderung ein weiter, für die Änderungstreiber oft frustrierender Weg zurückzulegen ist. Verhaltensänderung ist absolut individuell. Mitarbeiter müssen daher einzeln überzeugt sein, daß etwas im wahrsten Sinne des Wortes Notwendiges passieren muß. Gelingt dies nicht, wird in einer Gruppe (alle Ebenen: z. B. Interessenvertretungen, einem Arbeitsteam oder einer Schicht) nur Einsicht vorgetäuscht. Das archaische Beharrungsprinzip, das sich gruppendynamisch besonders hartnäckig zeigt, ist dann nicht auszuhebeln. Es kommt zu Lippenbekenntnissen: man gibt sich „fortschrittlich", offen und problembewußt, schiebt aber den Handlungsbedarf auf andere. Immanentes Problem ist, daß die Treiber des Wandels selbst dieser bequemen Versuchung erliegen können.

Leitbilder müssen für erfolgreiches Organizational Learning die Aufgabe erfüllen, die Zukunft als Zielvorstellung so sinngebend und überzeugend zu beschreiben, daß jeder Mitarbeiter einen möglichst persönlichen Nutzen in der Verwirklichung erkennt. Je objektiv schlechter sich die Ist- oder Ausgangssituation darstellt, desto größer ist das Spannungsfeld und die Chance, daß der Begeisterungsfunke überspringt. Leider wird Änderungsbedarf oft erst dann bewußt, wenn es bereits zu spät ist.

In einem konstruktiv funktionsfähigen Umfeld (Abb. 1.1) haben Unternehmen die Möglichkeit, frei und sachlich zu kommunizieren. Die Kommunikation ist ungestört, wechselseitig und ausgewogen. Das Unternehmen signalisiert Wandlungserfordernisse an das Umfeld genauso wie umgekehrt. Man reagiert entsprechend seiner Einsichtsfähigkeit und seinen Möglichkeiten, man lernt im Konsens und hat Erfolg in ausgewogenem Geben und Nehmen und meistert die sich ändernden Anforderungen.

Bei normalen, gesunden Verhältnissen steht das Unternehmen mit seiner Personal- und Kapitalausstattung in Wechselbeziehungen zu verschiedenen Märkten und Partnern, mit denen Kontakte vielfältigster Art bestehen. Die

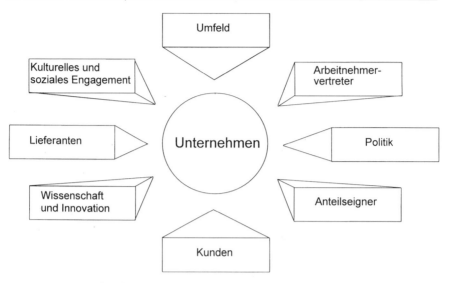

Abb. 1.1. Partner und Wirkungen des Unternehmens: Gesunde Verhältnisse können unterhalten werden

wesentlichen Teilnehmer an diesem Beziehungsgeflecht sind Politik, Gesetzgebung, Kunden, Lieferanten, Sozialpartner, Kapitalmarkt, Umfeld, Umwelt, Medien, Wissenschaft und Infrastruktur. Funktionieren diese Märkte ebenfalls innerhalb eines Konsenses frei, so werden weitere Außenwirkungen über den rein geschäftlichen Rahmen hinaus möglich, die sich in einer Unternehmenskultur zeigen, die positiv wirksame ethische Werte, kulturelles und soziales Engagement und Innovationen einschließen, die alle der Gesamtheit dienen.

Beweis für die Lernfähigkeit ist z.B. die Entwicklung von „Responsible Care" und „Sustainable Development" als Idee und unterstützendes Programm der Chemischen Industrie, im Gesamt-Umfeld sicher, verträglich und nachhaltig zu wirtschaften. Diese Leitbilder müssen sich nun in Zukunft bewähren, d.h. nachweislich zum Erfolg in der angestrebten Richtung führen. Aus der Sicht vieler Führungskräfte ist das Bild des freien und doch im gemeinsamen Konsens wirkenden Unternehmens gestört. Ein übermächtiger Politik-Markt diktiert den Valenzen-Einsatz nach populistisch-opportunistischem Belieben und verfügt durch Gesetzgebung über mehr Unternehmens-Ressourcen als das Unternehmen sich leisten kann. Es bleibt kaum die Möglichkeit, die zum Überleben absolut notwendigen Kontakte zu unterhalten. Ein eigenständiges zukunftssicherendes Verhalten und eine gesunde Wechsel- und Außenwirkung sind nur noch selten anzutreffen. Die Unternehmen sind an ihrem Standort auf Gedeih und Verderb der politischen Steuerung ausgesetzt. Ist das Vertrauen in die politische Steuerung nachhaltig gestört, werden Alternativen erwogen und genutzt.

In der internen Unternehmensebene muß trotz der gestörten Außenbedingungen gearbeitet und optimiert werden, auch wenn Konsens im größeren Rahmen für dauerhaften Erfolg notwendig wäre. Wir haben ja schon festgestellt, daß Jammern die törichteste Reaktion wäre. Organisationen zeichnen sich durch erwiesene Lernfähigkeit aus, wenn sie Sensibilität für Erfolgsfaktoren entwickeln und bereit sind, ihre Nutzung vorurteilslos zu planen und die Umsetzung nach eventuellen Pilotphasen konsequent durchzuführen. Lernen heißt dabei auch, über die bloße sachliche Reaktion auf veränderte Kennzahlen, Meßsysteme und neue Organisationsformen hinaus auch sein persönliches Verhalten zu erkennen, einzubeziehen und zu ändern.

Damit reduziert sich der Kern selbstverständlich auf die kleinste Einheit einer Organisation, nämlich den Menschen. Der Mensch ist Einzelwesen und Sozialwesen zugleich. Bei einer grundsätzlichen, ganzheitlichen Betrachtung sind körperliche, geistige und seelische Zusammenhänge als wechselwirkende Teilbereiche zu beachten. Förderung der Lernbereitschaft hat hier ihren Ausgangspunkt. Dabei ist konzeptionell nicht das Trainieren von Verhalten gemeint, sondern das Entwickeln latent bereitliegender Fähigkeiten und Einstellungen, also Personalentwicklung. Die Unterschiede liegen in der Betrachtungsweise: Im Verhaltenstraining wird der Mensch als momentan nicht adäquater, anzupassender Leistungsersteller gesehen, der zu bearbeiten ist. Personalentwicklung dagegen geht vom Menschen selbst aus und anerkennt, daß sowohl Begabungen als auch Grenzen von Begabung vorliegen. Begabungen sollen weiter entwickelt werden. Als wesentlicher Gegenspieler der westlichen Lernbereitschaft muß der erreichte Lebensstandard betrachtet werden. Es ist offenkundig, daß ein höherer Lebensstandard eine niedrigere Lernbereitschaft bewirkt und umgekehrt. Wir haben außerdem infolge eines höheren Lebensstandards einen starken Trend zum Individualismus zu erkennen, der die Grundlage dieses hohen Lebensstandards aus dem Bewußtsein verloren hat. Viele Menschen empfinden eingedenk der durch die Medien publikumswirksam und oft übertrieben schockierend artikulierten Probleme Rat- und Hilflosigkeit.

Als Folge breitet sich zunehmend persönlich wie sozial schädlicher Individualismus aus, der Organizational Learning unmöglich macht. Man lebt starr und weitgehend nach eigenen Gesetzen und kümmert sich kaum noch um allgemein förderliche Zusammenhänge. Vor dem Hintergrund schwindender Wettbewerbsfähigkeit der Unternehmen nehmen sich besonders die öffentlichen Diskussionen um die 35-Stunden-Woche, Sozialhilfe, Asylgesetzgebung, Pflegeversicherung, Urlaub, Subventionierung von Stahlwerken, Kohlebergbau und Agrarwirtschaft geradezu grotesk aus. Wir wissen offensichtlich nicht mehr, worauf es basisbildend ankommt. Individualität dagegen ist als Ausstattung des Menschen mit unverwechselbarer Eigenart definiert. Sie darf nicht mit Individualismus verwechselt werden. Für alle Beteiligte höchst erstrebenswert ist ein Zustand, in dem sich Individualität im Gruppenkonsens entfalten kann, so daß Grundbedürfnisse befriedigt und Kreativität geweckt werden. Unternehmen sind soziale Gebilde und angewiesen auf konsensfähige und kreative, engagierte Menschen, die dazu widerspruchsfrei individuell sein müssen. Die Förderung der Individualität ist daher eine weitere Aufgabe der Führung eines Unternehmens, die bereits im Leitbild zu verankern ist.

Change Management

Wir selbst sind alle persönlich an Änderungen beteiligt, als Mitwirkende, Bremsende, Betroffene und Reagierende. Die Fähigkeit, sich erfolgreich auf den Wandel einzustellen, muß sich dabei in drei Ebenen bewähren: der technischen, der methodischen und vor allem der psychosozialen Ebene. Gerade die sozialen Konsequenzen mit teilweise irrationalen Auswirkungen bei den betroffenen oder vermeintlich betroffenen Menschen und Interessenvertretern stellen oft das Hauptproblem des Wandels dar. Zudem verharrten wir zu lange in nahezu unveränderten Strukturen, so daß die Anpassung durch die Verzögerung immer schwerer fällt.

Veränderungen sind dann erfolgreich, wenn sie sowohl in der betriebswirtschaftlichen, technologischen, methodischen oder materiellen Ebene als auch insbesondere in der psychischen und sozialen, d. h. menschbezogenen Ebene Vorteile bieten. Change Management ist überwiegend eine psychologische Kategorie, die unternehmenskulturelle Bereiche zum Inhalt hat („Soft issues") wie Vertrauen, Identitätsempfinden, Kommunikation mit Vorgesetzten, Kollegen und Mitarbeitern, Teamfähigkeit, Entscheidungs- und Anweisungsstruktur, Mut zum Ausdruck der empfundenen Wahrheit, Kritikfähigkeit, Selbstkritikfähigkeit, Umgang mit Fehlern, Leistungsbereitschaft, Werte-Gerüst. Ziel von Change Management ist die „Lernende Organisation", die Änderungen nicht wie bisher als einmaligen, oft wenig erfolgreichen Kraftakt auf der Sachebene realisiert, sondern eine dauerhafte Änderungsbereitschaft in der individuellen Ebene erweckt. Dies führt nicht nur zur Akzeptanz der Sach-Änderung, sondern zu deren aktivem Betreiben und Nutzen.

Aus heutiger Sicht zeichnet sich die lernende Organisation aus durch

- Teamarbeit bis hin zu selbststeuernden Teams,
- hohe Vernetzung (hohe Anforderung an die Kommunikation und die Informations-Technologie),
- flache Hierarchie ohne Polizeifunktionen,
- starke Individualkompetenz und -verantwortung; sachlich und sozial,
- Denken in mehrdimensionalen Netzen, in Szenarien (planend vorausschauend) und Simulationen,
- überzeugende Leitbilder, die nachweislich Schritt für Schritt verwirklicht werden,
- Erfolg im Markt und als Unternehmen.

1.4
Zweiter Schritt und zweite Managementebene: Strategisches Management

Besitzen Leitbilder ein sehr hohes Abstraktionsniveau, so müssen sie durch Leitlinien in erster Wegweisung klare Orientierung geben. Die weitere Konkretisierung geschieht durch die Strategische Planung. In der Anleitung zur Erarbeitung einer Strategie sind bereits Strukturen für die Handlungsableitung erkennbar vorzugeben. Entwicklung und Nutzung von Meßsystemen sind obligatorisch.

Viele sogenannte „Praktiker" empfinden Leitbilder und Leitlinien oft als zu wenig konkret, philosophisch abgehoben oder sogar überflüssig. Sie glauben,

Strategien würden eine hinreichende Orientierung geben, da ohnehin konkret gesagt werden müsse, was zu tun ist. Hier verbirgt sich oft der Unwille, als Technokrat mit ganzheitlichen, ideellen und emotionalen Bedürfnissen und Inhalten umzugehen, die für Führung, Zusammenhalt und Erfolg von Gruppen aber unabdingbar sind. Während Leitbild und Leitlinien Überzeugungskraft besitzen und Identifikation ermöglichen müssen, rufen Strategen natürlicherweise Widerstand hervor, weil sie wesentlich konkreter sind und Alternativen erwogen werden können und müssen. Ohne kommunizierte und ehrliche Leitbilder und Leitlinien bleiben Strategien schon aus diesem Grunde oftmals Stückwerk.

TQM mit seiner Infrastruktur (Abschnitt 1.11) kann die Strategie überzeugend in die operative Managementebene kommunizieren, so daß alle Mitarbeiter einbezogen werden. Dieser Gesichtspunkt ist entscheidend für den Erfolg: Der einzelne Mitarbeiter wird in weit überwiegender Mehrheit schon auf das Leitbild überwiegend positiv reagieren. Die Einstellung wird z. B. deutlich durch die Stellungnahme: „Das hört sich gut an, mal sehen was jetzt wirklich passiert." Die Strategie mit ihren Maßsystemen und konkreten Überprüfungsintervallen wird dagegen als einengend und störend empfunden. Nur wenige Mitarbeiter reagieren aktiv, sind vom Leitbild überzeugt und neugierig, wie es sich in die Praxis umsetzen läßt. Sie wollen selbst mitgestalten und müssen hierzu die Möglichkeit erhalten. Über Zielvereinbarungen und Kopplung an die Gehaltsbemessung muß der Erfolg dieser Mitarbeiter sichtbar gemacht und kommuniziert werden. Dieses Vorgehen ist eine gute Möglichkeit, die überwiegende passive Mehrheit durch Vorleben zu überzeugen, daß sich Mitmachen lohnt. Führungskraft beweist sich hier in einer gesunden Mischung aus fürsorglicher Orientierung durch Zielvereinbarung und Belassen freier Gestaltungsräume, um möglichst die Selbstachtung und in der Folge die Entfaltung des Mitarbeiters zu fördern. Diese Phänomene sind so wesentlich, daß der Umgang mit ihnen in der Strategie selbst enthalten sein muß.

Konsistenz von Leitbild, Leitlinien und Strategie

Alle Inhalte des Leitbildes müssen in der Strategischen Planung konkretisiert eingefordert werden, sonst bleiben nicht berücksichtigte Aussagen „Luftblasen" und wirken in der operativen Managementebene kontraproduktiv. Was nicht ernst gemeint ist, hat bereits im Leitbild nichts zu suchen. Freiübungen in Form wohlklingender Schlagworte ohne Bezug zur Realisierung sind nicht Gegenstand vernünftigen Handelns.

Strategie ist das konkretisierte Konzept, das Leitbild unter Beachtung der Leitlinien zu verwirklichen, das gesamte Umfeld in einem rückgekoppelten Regelkreis einzubeziehen und in der Handlungsableitung zu berücksichtigen. Die Strategische Planung gibt vor, *was* zu berücksichtigen ist.

Hierarchie der Begriffe (Tabelle 1.2)

Leitbild: Befriedigt insbesondere psychische und ideelle Bedürfnisse nach klarer, auch im Einzelfall offenkundiger Sinngebung. Notwendig ist Überzeugungskraft für einzelne Menschen, als Mitarbeiter, Kunde, Investor, Nachbar,

Tabelle 1.2. Hierarchie der Begriffe

Leitbild	Friede, Wohlstand, Sicherheit, Freiheit, Gesundheit, Gerechtigkeit, jetzt und in Zukunft	
Leitbild	erfolgreicher Staatenbund	erfolgreiches Unternehmen
Leitbild	Währungsunion	weltweit Marktführer
Leitlinien	Konvergenzkriterien	Vermögensrendite über 12 %; keine neuen Märkte
Strategie	länderspezifische Konzepte zur Erreichung	spezifische Konzepte der operativen Einheiten
Maßnahmen incl. Handlungsableitung	Geldmengenwachstum begrenzen; Zinsen anpassen	Wettbewerbsbeobachtung; Kundenbefragung; Mitarbeiterbefragung

Journalist, Politiker, Beamter. Entscheidend für Erfolg oder Mißerfolg ist das vorausgesetzte Menschenbild. Sind Selbstentfaltungswerte der Menschen als Basis berücksichtigt, so werden auch Ordnungswerte (z. B. Arbeitsordnung) gleichermaßen akzeptiert und getragen.

Leitlinien: Sind bestimmend für Führungskonzept, Methodik der Strategie-Entwicklung, prinzipielle Gebote und Verbote, finanzielle Ziele, organisatorische Unterstützung und Überprüfung.

Strategie: Konkrete Darlegung, wie, mit welchen Maßnahmen, wann und mit welchem Einsatz die Vorgaben der Leitlinien erfüllt werden sollen. Die Strategie ist gleichsam das Seil, das für jeden sichtbar und „anfaßbar" ist. Jeder Mitarbeiter weiß, wo er anzupacken hat und in welche Richtung alle gemeinsam ziehen.

Umsetzung: Kommunikation des Leitbildes und der Strategie in allen Ebenen des Unternehmens, und zwar durch Leistungsvereinbarungen, die für jeden an seinem Platz verständlich sind und für bindend erklärt werden.

Ohne diese Elemente, die in einem Unternehmen nachweisbar etabliert sein müssen, ist eine Diskussion über „Unternehmenskultur" oder „Corporate Identity" entweder Faselei oder nur in der Negation vorhanden. Wo viel über diese Schlagworte fabuliert wird, regieren Hilf- und Kritiklosigkeit und drückt sich Unsicherheit aus.

1.4.1
Handlungsableitung aus der Strategischen Planung

Ziel der Strategischen Planung ist es, Transparenz über den Zustand des Unternehmens zu erhalten in bezug auf die kritischen Erfolgsfaktoren, ihre Wechselwirkungen untereinander und auf den erreichten Grad der beabsichtigten Beeinflussung. Bei den meisten Unternehmen ist im aktuellen Strategie-

Geschehen das Kapital die Haupt-Zielgröße, der nahezu alle anderen Faktoren untergeordnet sind. Tatsächlich erwartet eine übergewichtige Mehrheit von Interessengruppen, daß ein Unternehmen auf diesem Gebiet einwandfrei funktioniert:

- Die Mitarbeiter wollen hohes Entgelt und gesicherte Beschäftigung.
- Die Kunden wollen überlegene Produkte und Service zu niedrigen Preisen, damit sie selbst hohe Wettbewerbskraft erlangen oder behalten.
- Die Öffentlichkeit (Gemeinde, Land, Bund) will hohe Steuereinnahmen und teilweise unrealistisch und sachlich kaum begründbare Genehmigungsverfahren und Investitionen in Umweltschutz und Sicherheit.
- Die Lieferanten wollen gute Preise erzielen.
- Die Eigentümer wollen eine hohe Rendite.

Die Kapital-Dominanz ist bei dem festgestellten Gleichklang der Interessenlage nur schwer abzubauen. In diesem Umfeld fällt es schwer, die dringend zu berücksichtigenden nicht-finanziellen Ziele zu berücksichtigen. Selbst fortschrittliche Unternehmen, die erkannt haben, daß nicht das Kapital sondern der Mitarbeiter die größte Ressource darstellt, können nur langsam die Gewichte verschieben. Eine weitblickende Unternehmensführung strebt nicht nur nach Wettbewerbsfähigkeit, sondern nach absoluter Exzellenz und setzt dabei auf Freisetzung von Kreativität der Mitarbeiter. Die herkömmliche Strategische Planung, die oft als rein monetäre Zwangsjacke geschneidert wurde, wird diesem Anspruch nicht gerecht und ist schon mancher Aktivität zum Totenhemd geworden.

Ziele, Meßsysteme, Maßzahlen

Unter dem Begriff „Ziele" wird vielfach ein Gemenge aus hierarchisch verschiedenen Ebenen des Gebäudes „Leitbild, Leitlinie, Strategie, organisatorische Einheit" aufgeführt, ohne daß ein Bezug erkennbar wäre. Dies zeigt Verunsicherung statt Orientierung. Daher ist dringend anzuraten, Zielangaben immer in Beziehung zu der Ebene oder dem Adressaten zu setzen und kein undifferenziertes Gemenge zuzulassen. Beispiele sind in den letzten Absätzen dieses Abschnitts gegeben.

Für die Umsetzung der Strategie sind neben der Angabe von Meßsystemen die Zuweisungen von klar definierten Aufgaben an einzelne Personen auf allen Ebenen des Unternehmens unabdingbar für den Erfolg. Die hierarchisch höchste Stufe der Zielvereinbarung in einem größeren Unternehmen erfolgt zwischen Personen aus Vorstand/Geschäftsleitung und den eigenständig operierenden, organisatorisch definierten Einheiten. Diese sollten ausgehend von der Analyse des Marktes (regional, Bedarf, Anwendung etc.) so gebildet werden, daß die Bedürfnisse der Kunden oder Endverbraucher optimal zu erkennen und zu erfüllen sind. In bestimmten Zeitabständen wird überprüft, inwieweit die strategischen Anforderungen des Unternehmens erreicht wurden. Infolgedessen muß die Strategie eine Gesamtdarstellung aller für den Erfolg als notwendig definierten Faktoren enthalten (s. Abschnitt 1.4.2).

Von großer Wichtigkeit ist daher die Frage der Maßzahlen oder Meßsysteme als objektive Meßlatte. Anfänglich wird man zunächst Methoden entwickeln und vereinbaren müssen, um solche Meßgrößen festlegen zu können. Die wenigsten Schwierigkeiten treten bei den Kapital-Meßgrößen auf. Seit langem klar definiert sind Vermögensrendite und Cash-Flow. Vertraut sind daneben noch Meßgrößen wie Marktanteil und Stand der Technologie. Problematisch wird es bei personalen Größen (Mitarbeiter, Kunden, Lieferanten) außerhalb der Bezahlung und der Preise. Werden z. B. die Kundenzufriedenheit und die Mitarbeiterzufriedenheit sinnvoll und systematisch gemessen und ausgewertet? Gelten Umwelt-Meßgrößen als strategisch wertvoll, und werden sie bereits auf diesem Niveau vereinbart?

Beispiele für Maßzahlen/Meßsysteme:

- Wertschöpfung pro Mitarbeiter
- Anzahl Mitarbeiter und Kosten pro Funktion (z. B. Produktion, Marketing, Vertrieb, Verwaltung; Effizienzgrößen) und Leistungsmerkmal (z. B. Produktionseffizienz, Vertriebskosten, Verwaltungskosten pro Mitarbeiter der Einheit)
- Geschäftsprozesse: Kosten, Zeitbedarf, Zykluszeiten, Wartezeiten
- Qualitätskosten, Nacharbeit, Ausschuß, Preisnachlaß, Entsorgung
- Entwicklungszeiten
- Komplexitätskennzahlen (Sortiment, Kundenstruktur)
- Lager: Lagerbestand, Lagerumschlag
- Aufträge: Durchlaufzeiten, Liefertermintreue, Änderungsrate
- Kundenzufriedenheitsindex, Reklamationsrate
- Mitarbeiterzufriedenheitsindex, Fluktuationsrate, Krankenstand, Beteiligung, Schulung, Erfüllungsgrad der Leistungsvereinbarung

In der Strategie dürfen so schwammige Ziele wie

- Kostenführer werden
- Stärken ausbauen
- Schwachstellen beseitigen
- Geschäftsprozesse vereinfachen
- Motivation erhöhen oder
- Kommunikation verbessern

nur unter Angabe klarer Meßsysteme angegeben werden, weil eine Vereinbarung sonst kaum einen tragfähigen Bezug hätte, der zur direkten Erfolgsmessung dienen könnte. An diesem Punkt wird deutlich, wie ernst die Strategie genommen wird: Ist die Führungskraft bereit, wirklich zu konkretisieren und Meßsysteme zu entwickeln oder in Auftrag zu geben? Oder soll die Strategie gar nicht verwirklicht werden?

Auf jedem hierarchischen Niveau sind folgende Fragen zu beantworten:

- Wissen wir, wie gut oder schlecht wir unsere Leistung erbringen? (Klare Leistungsmerkmale? Werden wir im Trend besser, schneller, kostengünstiger? Sind unsere Kunden rundum zufrieden?)
- Wie und mit welchem Erfolg machen es andere? (Benchmarking)
- Bei Feststellung von Schwächen oder Verbesserungsmöglichkeiten: Wer macht jetzt Was?

- Muß erst das Wie geklärt werden (Meßsystem)?
- Was soll nachher anders sein als jetzt?

Überprüfung und Korrektur

Wesentliches Element jeden sinnvollen Tuns ist die Rückkopplung. Im Bestreben, besser zu werden, wird „Rechenschaft" abgelegt über den Zielerreichungsgrad. Wird Wille und Kraft nicht aufgebracht, darüber möglichst objektiv zu urteilen, zu kommunizieren und Korrekturen durchzuführen, bricht die Strategie zusammen, und die Unternehmensleitung mit allen Führungskräften verliert an Glaubwürdigkeit und Vertrauen. Die Strategie wird als Show aufgefaßt und nicht mehr ernst genommen. Was nutzen z. B. nicht direkt sinnfällige Geschwindigkeitsbeschränkungen auf den Straßen, wenn nicht oder nur unzureichend überprüft wird? Wird man erwischt, faßt man das als reines Pech oder als Willkür auf. Die erstrebte didaktische Wirksamkeit kann sich nicht einstellen. Ein Regelkreis ist nicht vorhanden.

Die Dokumentation der verwendeten Methoden und Meßsysteme ist wichtig zur Korrektur und zur späteren Rückverfolgbarkeit. Leider fehlen gerade auf dem Gebiet der Methodik nachvollziehbare Unterlagen, die sich zur Weiterentwicklung eignen würden. Die Frage nach der verwendeten Methodik und deren Wirksamkeit wird von den meisten Führungskräften noch zu oft als persönlicher Frontalangriff gesehen.

1.4.2
Profit Impact of Market Strategies (PIMS)

Die wissenschaftlich renommierte PIMS-Studie [9] legt einzigartige, profunde Kenntnisse von Beziehungen zwischen Elementen von Unternehmensstrategien und deren Erfolgen dar. Die seit 1972 laufende, als betriebswirtschaftliches Forschungsprogramm aufgelegte und von Wissenschaftlern betreute Studie umfaßt über 3000 strategische Geschäftseinheiten von Unternehmen aller Branchen und stellt eine wahre Fundgrube für Führungskräfte dar, die wissen wollen, welche Elemente praktizierter Strategien den größten Einfluß auf Rentabilität und Wachstum ausüben. Orientiert man sich bei der Konzeptionierung einer Strategie an dieser Studie, kann man sicher sein, alle bisher als wirksam oder untauglich erprobten Momente kennenzulernen und in einem definierten Rahmen abschätzen zu können. In bester Benchmarking-Anwendung (s. Kap. 2.6) kann aus den Erfahrungen anderer Unternehmen gelernt werden. Einen Eindruck vom umfassenden Rahmen der Studie gibt das Bündel der beantworteten Fragestellungen wie:

- Gibt es strategische Gesetzmäßigkeiten?
- Wie wählt man gewinnträchtige Märkte aus?
- Wie stehen Marktposition und Rentabilität zueinander?
- Wie wirken sich Qualitätsmerkmale aus?
- Welche Folgen hat Investmentintensität?
- Wann zahlt sich eine hohe, wann eine flache Wertschöpfungstiefe aus?
- Wie sehen die Inhalte von Marktführer- und Marktfolger-Strategien aus?

- Wie kommt man zu Marktrevolutionen, und wie baut man Wettbewerbs-
  strategien auf?
- Gibt es integrierte Strategien für Cluster von Strategischen Geschäftseinheiten zur Nutzung von Synergien?

Für unser Anliegen in diesem Buch von besonderer Bedeutung ist der klare
Nachweis der überragenden Bedeutung der Qualität: „Auf lange Sicht ist der
wichtigste Erfolgsfaktor, der den Erfolg einer Geschäftseinheit bestimmt, die
Qualität ihrer Produkte und Dienstleistungen im Vergleich zu ihren Konkur-
renten."

Es muß hier klargestellt werden, daß das unternehmensspezifische TQM die
Beziehungen zur Strategie und deren Umsetzung definiert. Das hier vorgestellte TQM-Modell enthält einen Strategie-Teil, der in übergeordneter Weise
alle wesentlichen Erfolgsfaktoren erfaßt. Besondere Überzeugungskraft er-
langt TQM in der konkreten Handlungsableitung und in der Einbeziehung
einzelner Personen (Mitarbeiter, Kunde, „Öffentlichkeit").

1.5
Dritter Schritt und dritte Managementebene: Geschäftsprozeßmanagement

Nach der Festlegung der Strategie werden die Führungskräfte der operativen –
hier dritten – Ebene überlegen, ob das vorhandene Netzwerk von Abläufen
und Zuständigkeiten geeignet ist, die in den Zielen formulierten Anforderungen zu erfüllen. Innerhalb des TQM-Modells wird dieser Aufgabe eine zentrale
Bedeutung zugemessen und eine Systematisierung und Optimierung dieses
Netzwerks verlangt.

Dazu ist es zunächst notwendig, die Abläufe in transparenter Form einer
Beurteilung zugänglich zu machen. International wird dieses Vorgehen als Beschreibung der „Business Processes", also der Geschäftsprozesse, verstanden
[10 – 12]. ein Prozeß stellt allgemein formuliert eine Anzahl gezielter, sich wiederholender Vorgänge dar, deren Zusammenwirken zu einem angestrebten
Resultat führen soll. Geschäftsprozesse sind der Oberbegriff für Prozesse und
beinhalten zusätzlich sämtliche Geschäftssteuerungsprozesse. Sie regeln immer das Zusammenwirken von Menschen, Anlagen, Arbeitsmitteln, Material-
und Informationsflüssen sowie angewandten Methoden, Anweisungen, Meß-,
Feedback- und Korrektursystemen, um eine spezifikationskonforme Leistung
zu erbringen. Selbst die Aufstellung von Spezifikationen kann als Geschäftsprozeß verstanden werden. In Kapitel 4.2 wird näher auf Dienstleistungs- und
Fertigungsprozesse eingegangen sowie auf deren Verknüpfung. Es ist möglich,
ein ganzes Unternehmen in Form von Geschäftsprozessen verschiedener Hierarchien zu beschreiben, wobei man jeden höherrangigen Prozeß in Teilprozesse immer feiner untergliedern kann. Bei der Beschreibung von Geschäftsprozessen stehen die rein sachlichen Zusammenhänge im Vordergrund, die
bestehenden organisatorischen Gegebenheiten werden zunächst nur sekundär eingeblendet.

Die Abb. 1.2 und 1.3 beinhalten in prinzipieller Form eine Anweisung zur
Erfüllung der Vorgaben der ISO 9001 [13]. Bei näherem Hinsehen besteht diese

Alle wichtigen Merkmale spezifizieren:
z.B. Zeit, Kosten, physikalisch, anwendungstechnisch, logistisch
Prüfbescheinigung und Prüfmethoden vereinbaren
Grad der Erfüllung kommunizieren

Abb. 1.2. Festlegung von Abläufen

Einsatzstoffe, Zwischen- und Endprodukte, Packmittel, Etikettierung spezifizieren
Anlagen und Betriebsmittel spezifizieren und validieren
Bestell-, Lagerergänzungs- und Produktionszeiten spezifizieren
Herstell- und Prüfmethoden festlegen
Über Grad der Erfüllung mit Lieferanten und Kunden kommunizieren

Abb. 1.3. Beispiel: Materialbearbeitungsprozeß

Norm aus nichts anderem als der Forderung, mit a) nachweisbar festgelegten Geschäftsprozessen und b) nachweisbar geeignetem Personal zu arbeiten. Teile der Geschäftsprozesse werden dabei bestimmten Personen verantwortlich zugeordnet, die diese Teilabschnitte kraft ihrer Qualifikation sicher beherrschen. In der Zusammenwirkung der einzelnen Teile ergeben sich Geschäftsprozesse wie in Abb. 1.4 dargestellt, z. B. vom Auftrag bis zur bezahlten Rechnung.

Viele Unternehmen haben erkannt, daß die ISO 9001 wie in den Abbildungen 1.2 und 1.3 gezeigt dazu verpflichtet, eine grundlegende Selbstana-

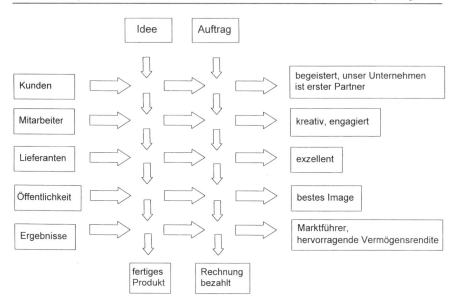

Abb. 1.4. Beispiele für Geschäftsprozesse

lyse zu betreiben, ob Prozesse und Personal geeignet sind, die vertraglich festgelegten Kundenanforderungen sicher zu erfüllen. Dabei werden nicht nur die Endprodukte betrachtet, sondern auch die wichtigsten internen Abläufe, die bis zu Auswahl und Zusammenarbeit mit den Lieferanten reichen. Der ISO 9001 folgend gelingt es jedem Betrieb selbst, mit eigenen Mitarbeitern den Ist-Zustand in fundierter und authentischer Weise darzulegen. Es wird ein Material erarbeitet, das gleichsam ein „Expertensystem" darstellt, mit dem z.B. jeder neue, noch nicht mit der Arbeitsumgebung vertraute Mitarbeiter leicht und sicher anzulernen ist. Es bietet außerdem die notwendige Basis für Verbesserungsansätze, die an der nachvollziehbar beschriebenen praktizierten Realität orientiert sind. Durch die Abarbeitung der ISO 9001 lernen viele Mitarbeiter, den sonst oft vorherrschenden rein informellen Informationsfluß und Arbeitsablauf konkreter zu erfassen (s. a. Abschn. 1.11.1).

Die Betrachtung von „Geschäftsprozessen" ist keinesfalls nur deswegen neu, weil die Zusammenhänge jetzt in moderner Terminologie wiederauferstanden sind. Es sei nur an die sehr wertvollen Instrumente der Wertanalyse [14], Gemeinkosten-Wertanalyse [15], Betriebsanalyse und Refa-Methodik erinnert. Der neue Gesichtspunkt besteht in der Dynamisierung durch ständige Überwachung und Optimierung durch Nutzung von Meßsystemen und Kennzahlen, gewährleistet durch Einsatz von Prozeßverantwortlichen, die diese Arbeit als „Prozeßmanagement" betreiben. Als Standardmethode der Wahl bietet sich dabei die Statistische Prozeßkontrolle (SPC) an, die in Kapitel 4 ausführlich dargelegt wird.

1.5.1
Ebenen von Geschäftsprozessen

Die entscheidenden Prozesse in einem Unternehmen sind zu definieren und Verantwortlichen zur ständigen Analyse und Verbesserung zu übertragen. Zu den Prozessen der ersten Ebene gehören:

- Markterhebung und Messung der Kundenzufriedenheit,
- Entwicklungsprozeß mit Ableitung der Forschungsziele, Entwicklung der Leistung/des Produktes und Marktvorbereitung,
- Herstellung,
- Beschaffung,
- Vertrieb und Beratung,
- Personalentwicklung, Messung der Mitarbeiterzufriedenheit,
- Strategieplanung und Umsetzung,
- Kommunikation (zwischen Hierarchien, Funktionen, Abteilungen, einzelnen Mitarbeitern, innerhalb von Gruppen, zwischen Unternehmen und Außenwelt),
- Informations-Management (Informationstechnologie, Kommunikationsnetze etc.),
- Erkenntnis und Wandel (Feedback, Rückkopplung, Korrektur, Handlungsableitung),
- Investitionen und Kapazitätsanpassung,
- Sicherung der Rentabilität und Liquidität.

Innerhalb dieses Netzwerks von Prozessen gibt es zahlreiche Verknüpfungsstellen, die wie in einem neuronalen Netzwerk für optimalen Informationsaustausch zu sorgen haben und besser nicht mit dem althergebrachten Begriff „Schnittstellen" bezeichnet werden sollten, der nur zum Synonym für funktionale Denkblockaden und Zuständigkeitswirrwarr geworden ist.

Der Prozeßverantwortliche wird auch die Leistung an den Verknüpfungsstellen aufzeigen können und im zeitlichen Vergleich ein Sensor für Fort- und Rückschritte der Lern- und Kooperationsfähigkeit sein. Ignorante oder introvertierte Funktionsbezogenheit wird auffallen und kann zur Sprache gebracht werden. Die Verknüpfungsstellen werden vorurteilsfrei genutzt zum eigenen Lernen, zum Überprüfen, zum Korrigieren, zum Anleiten, zum Erkennen und Nutzen von Zusammenhängen. Nur so werden sie schneller, flexibler und innovativer.

Der Aufbau eines solchen lernfähigen Netzwerkes eröffnet größte Chancen für einen tatsächlichen Wandel, der im Grunde verändertes Verhalten von Menschen voraussetzt und damit eine der schwierigsten Aufgaben darstellt, zumal dies nur gegen die vorherrschende Richtung des oben beschriebenen „Zeitgeistes" möglich zu sein scheint.

Die herkömmlich beschriebenen Geschäftsprozesse beginnen mit „Produkt/Service-Idee" oder „Auftrag". Im diskutierten Sinn muß jedoch zusätzlich nach den Wurzeln oder Quellen der Idee und des Auftrags gefragt werden. Dies führt uns direkt auf den Menschen als Mitarbeiter, Kunde oder Lieferant. Kreativität, ideelle Entfaltung, zwischenmenschliche Beziehungen, Transaktionen und

Image heißen nun die Zielgrößen. Auch bei Kunden, Personal und Lieferanten sind nun nicht mehr die üblichen Management-Prozesse gemeint, sondern die Mensch-zu-Mensch-Behandlung und der Beziehungsaufbau. Erkennen Führungskräfte in diesem Feld Verbesserungsmöglichkeiten, so mag die folgende Kette verdeutlichen, mit wieviel Geduld, Ehrlichkeit und Überzeugungskraft vorgegangen werden muß, um Änderungen nachhaltig herbeizuführen:

- gesagt ist nicht gehört,
- gehört ist nicht verstanden,
- verstanden ist nicht einverstanden,
- einverstanden ist nicht behalten,
- behalten ist nicht angewandt,
- angewandt ist nicht beibehalten.

Je leichter eine Veränderung herbeizuführen ist, desto weniger wirksam ist sie. An erster Stelle der Veränderbarkeit stehen dabei materielle Dinge wie Rohstoffe und Maschinen. Es folgen technokratische Kategorien wie Methoden, Technologien und Organisationsformen. Im Bestreben nach Verbesserung sind jedoch die menschlichen Einflußgrößen wesentlich schwieriger zu verändern. Die Kette beginnt mit der Änderung von Kenntnissen, Fähigkeiten und Fertigkeiten. Erst in der praktischen Anwendung und im Ertrag eines Nutzens kann sich darauf aufbauend eine Verhaltensänderung und schließlich eine Änderung der Einstellung ergeben. Nachhaltig änderungswirksam ist nur, wer die Menschen überzeugen und begeistern kann. Direkt erlebte und möglichst mitgestaltete Erfolge sind hierzu unabdingbar.

Untergeordnete Ebenen von Geschäftsprozessen

Der Detaillierungsgrad der Darstellung oder Analyse ist nach der jeweiligen Anforderung anpaßbar. Auf tieferen Ebenen kann z.B. die Disposition von Frachtraum, der Wareneingang, die Ersatzteillagerung, die Apparatebelegungsplanung, die Spezifikationsvereinbarung, die Reklamationsbearbeitung oder die Gehaltsabrechnung als Prozeß dargestellt werden. Sinnvoll ist die Nutzung einer festzulegenden Ablaufelement-Symbolik [16].

1.5.2
Untersuchung der Geschäftsprozesse

Es soll im folgenden ein kurzer Abriß der wichtigsten Begriffe im Zusammenhang mit Geschäftsprozessen gegeben werden, um zu zeigen, in welcher Weise sich häufig vorkommende Begriffe widerspruchsfrei in ein Ganzes einpassen. Jeder Geschäftsprozeß läßt sich in eine Folge von Aktivitäten zerlegen, die mit meßbaren Ein- und Ausgaben zu spezifizieren sind. Die Differenz ergibt die Werterhöhung der betrachteten Aktivität als „Added Value". Wichtig ist die Erfassung der kritischen Erfolgsfaktoren, die die Ziele definieren.

- Prozeß-Engineering umfaßt die Planung und den Entwurf (Design) von Prozessen sowie die vollständige und eindeutige Beschreibung einschließlich Prüfpunkten, Kennzahlen und Auswertungen (Prozeß-Informationen).

- Prozeß-Management ist das Steuern und Optimieren der Prozesse. Wird der Prozeß nicht als Ganzes gesteuert (Prozeß-Verantwortlicher), ergeben sich Suboptimierungen innerhalb der Teilschritt-Zuständigkeiten der verschiedenen Einheiten, ohne daß die Wirkung auf das Ganze beachtet werden kann.
- Die Zyklus-Zeit ist eine Kern-Kennzahl von Prozessen und muß lückenlos erfaßt werden. Unterschieden werden Zeiten nicht-wertschöpfender Aktivitäten wie Warte- und Liegezeiten, Inspektion, Transport, Rüsten, Nacharbeit und Zeiten wertschöpfender Aktivitäten.
- Prozeßkosten und Zielerreichungsgrad (Effektivität) sind weitere wesentliche Kennzahlen. Ist der Zielerreichungsgrad zufriedenstellend hoch und die Kosten sind gleichzeitig niedrig (möglichst im Vergleich zum „Besten"), so spricht man von einem effizienten Prozeß.
- Interessant sind nicht nur die Zeiten der Teilprozesse an sich, sondern speziell deren Variabilität. Generell gilt, daß höhere Variabilitäten sich zu immensen Problemen des Gesamtprozesses aufschaukeln können. Die Teilzyklen sind nicht mehr abstimmbar.
- Bestände reagieren empfindlich auf die Durchlaufzeiten. Verkürzung der mittleren Durchlaufzeit bei gleichbleibender Ankunfts- und Startrate führt zwangsläufig zu einer Reduzierung des mittleren Bestandes, zu erhöhter Übersichtlichkeit, zu erhöhter Planbarkeit und Zuverlässigkeit sowie Reduzierung der Kosten.

Ein Beispiel für die Verknüpfung von Prozessen befindet sich in Kapitel 4.2.3 und 4.9 und in Abb. 4.31.

1.5.3
Verbesserung

Nach der Untersuchung der Prozesse setzen Verbesserungen oft bei der Verkürzung der Zykluszeiten und der Reduktion der Variabilität an. Basismethode der Prozeßverbesserung ist die Statistische Prozeßkontrolle (SPC), die fast universell eingesetzt werden kann, um das grundsätzliche Verhalten zu erkennen, um Verbesserungsbedarf zu objektivieren und um versuchte Verbesserungen in ihrer Auswirkung zu dokumentieren. Diese Methode wird wegen ihrer Bedeutung im gesamten TQM-Geschehen in Kap. 4 ausführlich dargestellt. Aufzunehmen wäre die Anwendung der vorgestellten Geschäftsprozeß-Definition und Untersuchung. Wird während der Untersuchung festgestellt, daß ein Prozeß/Teilprozeß vernünftigerweise nicht mehr sanierbar ist, muß Reengineering in Betracht gezogen werden, bei dem grundsätzlich von Basis „Null" angefangen bzw. Benchmarking betrieben wird.

Leitlinie der Restrukturierung ist, den effektivsten und effizientesten Prozeß zu bestimmen und diesen gegen den vorhandenen zu vergleichen. Effektiv ist ein Prozeß, wenn er das Soll, z. B. eine Spezifikation, zu 100 % erfüllt. Effizient ist dieser Prozeß dann zusätzlich, wenn er mit geringstem Aufwand zu betreiben ist. Immer ist zu überlegen, welche Daten zu ermitteln sind, wie diese auszuwerten sind und welchen Stellen sie zur Verfügung gestellt werden.

Da wir bei Prozessen einen ständigen Informationsfluß zu generieren und zu steuern haben, sollte bei Restrukturierungen grundsätzlich in vernetzter Weise an eine Unterstützung durch IT (Informations-Technologie) gedacht werden. Wir verweisen hier beispielhaft auf die Arbeiten von Prof. Scheer, Saarbrücken, die gezeigt haben, wie Geschäftsprozesse jeglicher Art mit „intelligenter" Software so abgebildet werden können, daß die Möglichkeit einer vorhandenen, standardisierten oder relativ leicht anzupassenden informationstechnischen Unterstützung direkt erkennbar wird [17]. Dies hat den großen Vorteil, die Prozesse über das Kommunikationsnetz jedem beteiligten Mitarbeiter on-line einsichtig zu machen, den Abarbeitungsstand einer laufenden Anwendung und auch die Analysefähigkeit vor Ort verfügbar zu haben und damit die schnelle Anpassungs- und Änderungsfähigkeit garantieren zu können. Leider wird in diesem Zusammenhang oft der Eindruck erweckt, bereits die Nutzung dieser „Tools" sei ein Reengineering. Wer sich in diesen Zug setzen läßt und meint, viel analytische, vergleichende und konzeptionelle Arbeit sparen zu können, wird sicherlich eher losfahren, aber ebenso sicher zeitliche und finanzielle Umwege in Kauf nehmen müssen.

Für die Verbesserung ist die Zuordnung von Prozessen in die direkte Zuständigkeit einzelner Mitarbeiter unabdingbar. Übernimmt z. B. der Marketing-Leiter die Verantwortung für die Kundenzufriedenheit, so würde Mitarbeiter A die Auftragsabwicklung, Mitarbeiter B die Reklamationsbearbeitung und Mitarbeiter C die Kundenbefragung als definierte, mit Kennzahlen und Meßsystemen verfolgbare, die Kundenzufriedenheit unterstützende Geschäftsprozesse übernehmen.

Die Ausarbeitung neuer oder zu ändernder Prozesse durch Teams hat bei der nachträglichen verantwortlichen Zuweisung den weiteren Aspekt, daß „Wandel", moderner als „Change Management" beschrieben, direkt umgesetzt wird. Voraussetzung ist wie immer: die Führungskräfte müssen Konzeption, Inhalte von Methoden und Zusammenspiel verstehen, entsprechende Vorgaben machen und Unterstützung geben.

1.6
TQM und Ganzheitlichkeit

Die bisher besprochenen Elemente der Geschäftssteuerung sind so essentiell wie alt bekannt. Ebenso bekannt ist jedoch auch der Abriß zwischen den Managementebenen, der meistens nach der Strategie-Ebene auftritt und den erhofften oder notwendigen Erfolg verhindert. Mit den Inhalten von TQM wird dieses Abriß-Risiko ausgeschaltet, indem eine durchgängig konsistente Handlungsableitung aus den drei vorgestellten Ebenen folgt, die jeden einzelnen Mitarbeiter erreicht, einschließlich methodischer Unterstützung. Die drei international anerkannten Modelle, der japanische Deming-Preis, der US-amerikanische Malcolm-Baldrige-National-Quality-Award (MBNQA) [18] und der European Quality Award (EQA) der European Foundation for Quality Management (EFQM) [19] offenbaren in ihren Anforderungen zu allen diesen Themenkomplexen ihren ganzheitlichen Anspruch, einen in sich stimmigen und umfassenden, kreativitäts- und engagementstärkenden Ansatz der Unter-

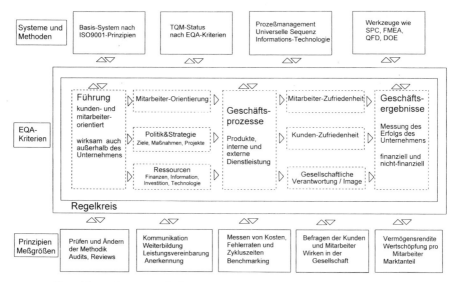

Abb. 1.5. Übersicht nach J. Runge [20]

nehmensführung von der Spitze her aufzubauen, einschließlich Methodiken und Regelkreisen. „Qualität" kann dabei nur noch als Verpflichtung jedes Mitarbeiters auf aktive Beteiligung am gemeinsamen Ganzen gesehen werden und auf die nachweisbare Wahrnehmung dieser Verpflichtung.

In der Übersicht in Abb. 1.5 bilden die neun Kategorien des EQA den Mittelteil. Das Verständnis für Inhalt und Umfang dieser Kategorien ergibt sich aus dem Fragen-Modell in Abschnitt 1.7, das von den Führungskräften unternehmensspezifisch zu bearbeiten ist. Alle um diesen Mittelteil gruppierten Systeme, Methoden, Werkzeuge und Prinzipien sind bei geeigneter Auswahl, Schulung und Anwendung wesentliche Bausteine des Unternehmenserfolgs [21–24]. Vielfach findet man in den Unternehmen einen größeren oder kleineren Teil dieser Bausteine in einem undefinierten Gemenge vor. Eine Strukturierung, Koordinierung und Steuerung erfolgt nicht oder nur unzureichend. Mit der hier gezeigten Übersicht soll deutlich gemacht werden, daß sich bei einem gut geführten TQM alle Bausteine in ein Führungs- und Umsetzungskonzept integrieren lassen. Mit den vielfältigen, in der Übersicht gezeigten Überwachungs- und Anzeigeinstrumenten ausgestattet, wird der Unternehmenserfolg steuerbar. Gleichzeitig kann jedem Mitarbeiter klar gezeigt werden, wie das Zusammenwirken im Ganzen stattfindet und wo sein eigener Standort und Beitrag angesiedelt sind.

Das in Abb. 1.5 dargestellte TQM-Modell bewährt sich in einer sich rasch ändernden und manchen Menschen verwirrenden Welt, indem es systematisch und auf viele Schultern verteilt Sensibilitäten für die Außenwelt entwickelt, zum Nutzen für sich selbst verarbeitet und als Einwirkung zurückspiegelt. Wie in Abb. 1.6 gezeigt, bedarf es hierzu eines orientierenden Leitbildes.

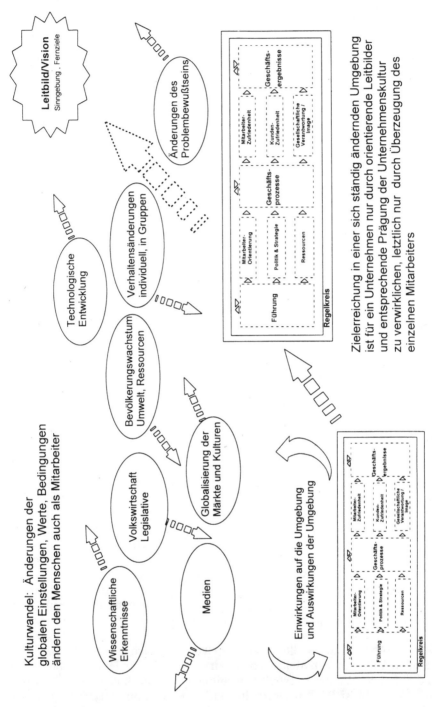

Abb. 1.6. Kulturwandel (Cultural Change) und TQM

Ernst Bloch: „Nichts wirkt als Antwort, was nicht vorher gefragt gewesen ist. Daher bleibt soviel Helles ungesehen als wäre es nicht da."

MBNQA und EQA sind fertige Konzepte, deren gedankliche Durchdringung und Handlungsableitung sich nachweislich lohnen.

Gewinner des MBNQA

	Kleine Firmen	Dienstleister	Produzierende Unternehmen
1988	Globe Metallurgical	–	Motorola Westinghouse-Commercial Nuclear Fuels
1989	–	–	Milliken Company Xerox Corporation
1990	Wallace Company	Federal Express	IBM Rochester Cadillac
1991	Marlow Industries	–	Solectron Corporation Zytec
1992	Granite Rock	Ritz-Carlton AT & T Universal Card	Texas Instruments-Defense and Elektronics AT & T Network Systems
1993	Ames Rubber		Eastman Chemical
1994	Wainwright Inc.	AT & T Consumer Services GTE Directories Corp.	–
1995	–	–	Armstrong World Ind. Building Products Division Corning Telecom. Products Division

Gewinner des EQA

	Medaillen	Preis
1992	Rank Xerox BOC-Special Gases Milliken European Division Ubisa	Rank Xerox
1993	Milliken European Division ICL Manufacturing Div.	Milliken European Division
1994	Design to Distribution Ltd. Ericsson SA IBM Semea	Design to Distribution Ltd.
1995	Alcatel Austria (Wien) BT Operator Services (Leeds) NETAS (Istanbul) Texas Instruments Europe (Brüssel) TNT Express (Atherstone)	Texas Instruments Europe

1.7
Fragen-Modell

Der umfassende Charakter von TQM wird bereits durch die zu bearbeitenden
Themenfelder (Kategorien) der angesprochenen Modelle deutlich.

Die sieben Kategorien des Malcolm Baldrige National Quality Awards [18]
sind:

- Führung
- Information und Analyse
- Strategische Planung
- Personalentwicklung
- Geschäftsergebnisse
- Management der Prozesse
- Kundenorientierung und -zufriedenheit

Die neun Kategorien des European Quality Awards [19] sind:

Befähiger: Führung
              Ressourcen
              Mitarbeiterorientierung
              Strategische Planung
              Prozesse

Ergebnisse: Mitarbeiterzufriedenheit
              Kundenzufriedenheit
              Leistung für die Umwelt und Öffentlichkeit
              Geschäftsergebnisse

In den einzelnen Kategorien wird der Nachweis aller wichtiger Erfolgsfaktoren
einer Unternehmensführung in Methodik und mit verwirklichtem Nutzen
verlangt. Die Fragen sind so gestaltet, daß Kreativität und Eigen-Engagement
notwendig sind, um sich zu profilieren. Ein Unternehmen kann natürlich zusätzliche Schwerpunkte setzen und den gesamten Unternehmensführungs-
prozeß unter einem eigenen Namen verwirklichen.

Prinzipiell bestehen keine wesentlichen Unterschiede zwischen MBNQA
und EQA. Die konzeptionellen Defizite, die der EQA gegenüber dem MBNQA
in den Anfangsjahren aufwies, sind ausgeräumt, so daß die beiden Qua-
litätsmanagementstandards heute gleichwertig sind. Durch die Änderungen
der Preisanforderungen wird für Anpassung und Weiterentwicklung gesorgt.
Europäische Unternehmen, die nach den Ausschreibungsbedingungen am of-
fiziellen MBNQA nicht teilnehmen können, sollten sich dringend mit dem
EQA auseinandersetzen.

Die Kategorien müssen von der gesamten Führungsmannschaft einer ope-
rativ funktionsfähigen Einheit vorurteilsfrei und selbstkritisch durchgearbei-
tet werden. Das vorgeschlagene Vorgehen kann dabei zu einem grundlegenden Neubeginn führen, der nicht nur akzeptiert, sondern voll Engagement von
allen getragen wird.

Die einzelnen Fragen sind nicht etwa mit: „Ja, das machen wir!" zu beantworten, sondern es ist darzulegen, mit welcher Methodik, welchem Meß-

system, welchem Anwendungserfolg und welcher Feedback-Schleife gearbeitet wurde. Erfolge sollten langfristig über mehrere Jahre nachgewiesen werden können.

Die Fragen des EQA wurden um zusätzliche Gesichtspunkte des MBNQA ergänzt. Für die ständige Bearbeitung in Teams wurden sieben Fragen-Gruppen (Kategorien) gebildet, die in diesen Teams fundiert beantwortet und im Unternehmen methodisch und in der Umsetzung erfolgreich entwickelt werden müssen. Führungsrelevante Fragen sind im folgenden ausführlich wiedergegeben, um einen Eindruck vom umfassenden Charakter der Anforderungen geben zu können.

1. Führung sowie gesellschaftliche Verantwortung/Image

Anforderungen und Beweise werden verlangt für erfolgreiche Strukturen, Methoden und Aktivitäten in den Bereichen:

- Verhalten aller Führungskräfte und Leitungsgremien, das Unternehmen in Richtung Total Quality weiterzuentwickeln;
- Nutzung und Bereitstellung von Ressourcen durch die Führungskräfte.

Welche Erwartung hat die Öffentlichkeit an das Unternehmen?

Gesichtspunkte der Annäherung an Lebensqualität, Umwelt und Schutz der globalen Ressourcen sind zu beachten.

Als Kriterien für diesen Anforderungsblock gelten:

a) Sichtbares Wirken

Führungskräfte
- kommunizieren mit der Mitarbeiterschaft: sind die Kommunikationswege und -arten festgelegt? Mit welcher Wirksamkeit?
- geben einwandfreies Vorbild für Führung ab: z. B. lassen sich schulen und schulen selbst („train-the-trainer"-Konzept als top-down-Kaskade),
- erfüllen selbst die Anforderungen, die an die Mitarbeiter gestellt werden,
- haben loyale und optimistische Ausstrahlung,
- geben die Anforderungen und Ziele deutlich zu verstehen und vergewissern sich über das beim Mitarbeiter wirksame Verständnis,
- demonstrieren Selbstverpflichtung und Engagement in TQM.

b) Konsistente TQM-Kultur

Führungskräfte
- überprüfen den Fortschritt in TQM (werden die Pläne, die Methoden und die Ergebnisse regelmäßig überwacht?),
- schließen die Verpflichtung und Erfolge in TQM in die Begutachtung und Förderung der Mitarbeiterschaft ein.

c) Angemessene Anerkennung der Anstrengungen und Erfolge von einzelnen und Teams

- Wie sind Führungskräfte mit Anerkennung (auf operativer Ebene, in der Unternehmensleitung, bei Kunden und Lieferanten) befaßt?

d) Einwirken auf Kunden und Lieferanten

Führungskräfte
- erfüllen, verstehen und antworten auf Kundenbedürfnisse und pflegen Umgang mit Lieferanten,
- bauen auf und unterhalten Kunden- und Lieferantenbeziehungen,
- bauen auf und unterhalten gemeinsame Verbesserungs-Aktivitäten mit Kunden und Lieferanten,
- stellen durch welche Maßnahmen den Bedarf und Erfolg von Kontakten fest?
- initiieren Lieferantenbeurteilungen (mit Informationen an die Lieferanten).

e) Führungskräfte unterstützen TQM aktiv außerhalb des Unternehmens durch

- Mitgliedschaft in Verbänden,
- Publikationen von Büchern, Broschüren, Artikeln,
- Präsentationen und Vorträge bei Konferenzen und Seminaren,
- Unterstützen der lokalen Gemeinde und Vereine.

f) Bereitstellung von Ressourcen

Führungskräfte
- helfen, Prioritäten für Verbesserungsaktivitäten zu setzen,
- gründen, unterrichten und fördern Verbesserungsaktivitäten; stellen Finanzmittel zur Verfügung,
- unterstützen Mitarbeiter aktiv, die TQM-Initiativen entwickeln.

g) Unternehmenserfolg in der Zufriedenstellung der Erwartung der Öffentlichkeit

Führungskräfte beteiligen sich bei
- aktiver Unterstützung von Schulung/Bildung, Gesundheitsförderung, Sport- und Freizeit-Einrichtungen, sozial tätigen Verbänden,
- Aktivitäten, die den Schutz der globalen Ressourcen unterstützen
  - Energie-Einsparung,
  - Einsatz von Rohstoffen und anderer Materialien,
  - Reduzierung von Abfall, Abwasser, Abluft,
  - Umwelt- und ökologische Aktivitäten.
- Aktivitäten, um Beeinträchtigungen der Nachbarschaft zu vermeiden
  - Grundwasser und Luftverschmutzung,
  - gefährliche Arbeitsstoffe, Lärm, Gesundheitsrisiken.

Indikatoren für den Erfolg dieser Aktivitäten können sein:

- Image des Unternehmens in Umfragen, in Medien (Artikel, Sendungen), in der Nachbarschaft, in der Politik,
- Anzahl genereller Beschwerden,
- Berichte und Gutachten von Behörden oder unabhängigen Gutachtern,
- Unfallstatistik.

2. Politik und Strategie
Sind Mission, Werte, Vision kommuniziert?

Sind alle Schlüsselanforderungen für Qualität in der Gesamtunternehmens-planung integriert?

Wie werden die Verpflichtungen aus den strategischen Vorgaben erfüllt?

Untersuchung des Verbreitungsgrades der Qualitäts- und Leistungsanforderungen in allen Abteilungen werden verlangt.

a) Politik und Strategie stützen sich auf qualitätsrelevante Information durch
- Feedback von Kunden und Lieferanten,
- Feedback von der Mitarbeiterschaft,
- Leistungsdaten von Wettbewerbern und „best in class"-Organisationen, Projektionen des Wettbewerbsumfeldes,

Geeignete ökonomische Indikatoren sind
- finanzielle Risiken, Marktrisiken, gesellschaftliche Risiken,
- Unternehmenspotentiale, u. a. F & E, zur Adressierung von Schlüsselanforderungen oder einer technologischen Spitzenposition,
- Fähigkeiten der Lieferanten und Geschäftspartner.

b) Einfluß der Politik und Strategie auf die Umsetzungs-Pläne
- Umsetzungs-Pläne werden getestet, bewertet, verbessert, angepaßt und priorisiert,
- Einteilung nach zeitlichen Horizonten: kurz-, mittel- und langfristig.

c) Politik und Strategie werden nachweislich erfolgreich kommuniziert
- Kommunikation wird geplant und priorisiert,
- das Unternehmen bewertet das Bewußtsein der Mitarbeiterschaft im Hinblick auf Politik und Strategie.

d) Politik und Strategie werden regelmäßig überprüft und verbessert
- Das Unternehmen bewertet die Relevanz und Effektivität der Politik und Strategie,
- das Unternehmen überprüft und verbessert seine Politik und Strategie.

3. Information und Analyse/Management der Ressourcen

Kriterien für Auswahl und Erhebung von Daten sind festgelegt.

Struktur der Daten- und Informationsbanken sowie Aufbau, Pflege und Nutzung sind geregelt:

- Kundenorientierte Daten/Informationen,
- interne Betriebsabläufe,
- Unternehmensleistung,
- Kosten und Finanzen.

Wettbewerbsvergleiche/Benchmarks werden durchgeführt:
Verfahren zur Auswahl von Daten und Informationen für Wettbewerbsvergleiche und Weltklasse-Benchmarks sind dokumentiert, um Qualitäts- und Leistungsplanung, Bewertung und Verbesserung zu unterstützen.
Die Analyse und Nutzung von Daten zur Unterstützung der Geschäfts- und Planungsziele wird in ihrer Effektivität gemessen.

4. Personalentwicklung/Mitarbeiterorientierung und -zufriedenheit

Wie setzt das Unternehmen das volle Potential der Mitarbeiter frei, um die Unternehmensziele zu erreichen? Wie wird die Unternehmenskultur und das Betriebsklima gepflegt und entwickelt, um zu herausragenden Unternehmensleistungen zu gelangen?

Umfassende Personalentwicklungsinitiativen mit Auswirkungen auf die Entwicklung von Fähigkeiten, Personalbeschaffung, Einbeziehung, Kompetenzübertragung und Anerkennung werden verlangt.

Leistungsziele für personalpolitische Aktivitäten sollen nachweisbar sein.

a) Ständige Verbesserungen in der Mitarbeiterorientierung werden nachweislich erreicht
- Mitarbeiter-Orientierung wird überwacht und verbessert,
- der Strategische Plan der Personalentwicklung ist in Einklang mit der Unternehmenspolitik und Strategie,
- Auswertungen von Mitarbeiterbefragungen werden genutzt.

b) Fähigkeiten und Fertigkeiten der Mitarbeiter werden entfaltet und entwickelt
- Fähigkeiten werden klassifiziert und mit den Anforderungen des Unternehmens verglichen,
- Bewertung und Personalentwicklung werden geplant,
- Bedarf, Umfang und Art der Personalentwicklung werden ermittelt und festgelegt,
- Umsetzung wird überwacht,
- Anwendung des Erlernten wird gefördert und überprüft,
- Mitarbeiter werden durch Teamarbeit entwickelt,
- Kompetenz wird übertragen,
- Anerkennung wird geplant durchgeführt.

c) Mitarbeiter und Teams engagieren sich in der Erreichung der Ziele und in der Leistungsmessung
- Ziele für einzelne und Teams sind in Linie mit Unternehmenszielen und sind vereinbart,
- Ziele werden überprüft und korrigiert,
- Mitarbeiter werden bewertet und erhalten Hilfe.

d) Jeder Mitarbeiter wird in den ständigen Verbesserungsprozeß einbezogen
- Welche Möglichkeiten der Beteiligung werden angeboten?
- Einzelne Mitarbeiter und Teams beteiligen sich an Verbesserungen.
- Interne Konferenzen und Veranstaltungen werden genutzt, um zu Beteiligung zu ermutigen.
- Mitarbeiter werden befähigt, aktiv zu werden.
- Trends bei der Einbeziehung der Mitarbeiter werden gemessen, verglichen und ausgewertet.

e) Die Qualität der Kommunikation, top-down und bottom-up, wird gemessen und verbessert
- Das Unternehmen erhält Informationen von seiner Mitarbeiterschaft.

- Das Unternehmen übermittelt Informationen an seine Mitarbeiter.
- Der Kommunikationsbedarf des Unternehmens wird ermittelt.
- Die Effektivität der Kommunikation wird gemessen und verbessert.
- Vorschläge können frei, auch unter Umgehung des Dienstweges kommuniziert werden und werden rasch geprüft, beantwortet und bei Eignung mit Initiative genutzt (Projektmanagement, betriebliche Verbesserungsteams etc.) und umgesetzt.

f) Es wird ergründet, was die Mitarbeiter im Zusammenhang mit dem Unternehmen bewegt. Beweise für Unternehmenserfolg im Erkennen und Eingehen auf den Bedarf und die Erwartungen der Mitarbeiter sind zu geben für
- Arbeits-Umgebung, Gebäude, Arbeitsplatz, Vorzüge,
- Gesundheits- und Sicherheits-Vorsorge,
- Kommunikation auf lokaler und organisatorischer Ebene; Führungsstil,
- Aus- und Weiterbildung, Karriereplanung und -perspektiven.

Meßsysteme für die Intensität und den Erfolg:
- Mitarbeiterbefragung,
- Aus- und Weiterbildungsquoten, Beteiligung am Verbesserungsvorschlagswesen, Anzahl und Themenbearbeitung der Betrieblichen Verbesserungsteams in Relation zum Erfolg setzen: Einsparungen für Vorschläge, Betriebsklima-Indikatoren,
- Bewußtsein für Leitbild, Werte und Strategie des Unternehmens sowie konkret für die Anforderungen an die Stelle mit Akzeptanz der festzulegenden individuellen Ziele und Engagement für deren Erreichung,
- Abwesenheit und Krankheitsstand, Unfallhäufigkeit,
- Fluktuationsrate, Dauer für passende Neueinstellungen,
- Mitarbeiter-Beschwerden.

5. Geschäftsprozesse (siehe auch Kap. 1.5)

Darzulegen ist das erfolgreiche Management aller wertschöpfenden Aktivitäten des Unternehmens, vom Design und der Einführung von Produkten und Dienstleistungen bis zur Belieferung einschließlich sämtlicher interner Abläufe sowie der Effektivitäts- und Effizienzmessung. Wie werden Prozesse identifiziert, überprüft und wenn nötig revidiert, um eine kontinuierliche Verbesserung zu sichern?

Erfolgskritische Prozesse müssen identifiziert sein.
- Welche Prozesse sind auf der aktuellen Liste?
- Die Methode der Identifikation der erfolgskritischen Prozesse wird überwacht.
- Schnittstellenprobleme werden erfaßt und dienen als Ansatz zu Änderungen.
- Die Auswirkungen auf das Geschäft sind bewertet.

Kritische Prozesse sollten beinhalten:
- Beschaffung,
- Produktion,
- Ingenieurtechnik,

- Auftragserfassung,
- Lieferung/Vertrieb von Produkten und Service einschließlich Rechnungs-stellung und Kundenbuchhaltung,
- Reklamationsbearbeitung,
- Kundenzufriedenheit,
- Entwicklung (Design, neue Produkte, neuer Service),
- Marketing-Aktivitäten,
- Strategie, Budgetierung und Planung,
- Mitarbeiterzufriedenheit,
- Management im Bereich Sicherheit, Gesundheit und Umweltschutz,
- Monitoring- und Informations-Prozesse zur Feststellung und Kommunika-tion von Trends bei den erfolgskritischen Faktoren.

6. Kundenorientierung/Kundenzufriedenheit

Untersucht werden Aufbau, Struktur und Unterhaltung von Geschäftsbezie-hungen zu Kunden. Weitere Themen sind Wissensbildung im Bereich der An-forderungen der Kunden und der Schlüsselfaktoren, die die Wettbewerbs-fähigkeit des Unternehmens auf dem Markt bestimmen. Ist festgelegt, klar kommuniziert und verstanden, was die Erwartungen der Kunden in bezug auf das Unternehmen, seine Produkte und Dienstleistungen sind?

Sind Methoden zur Messung der Kundenzufriedenheit etabliert, auch rela-tiv zum Wettbewerb? Beweise für den Unternehmenserfolg aufgrund von Er-füllung des festgelegten Kundenbedarfs und der Kundenerwartungen werden verlangt.

a) Interne Kriterien: Aussagen zu Methodik, Festlegungen, Prozessen in den Bereichen

Fähigkeit, die Spezifikation einzuhalten	Fehlerraten, Rückweisungsraten
Konsistenz und Reproduzierbarkeit	Zuverlässigkeit
Haltbarkeit	Liefertermintreue
Logistik-Informationen	Belieferungsfrequenz
Antwortverhalten und Flexibilität	Produktverfügbarkeit
Zugang der Kunden zum Management	Produkttraining
Verkaufs-Unterstützung	Produkt-Literatur
Technische Unterstützung	
Bewußtsein für Kundenprobleme	Reklamationsbehandlung
Garantie-Leistungen	Innovationsfähigkeit im Service
Produktentwicklung	Zahlungskonditionen und Finanzierung

Dokumentation – verständlich, nützlich, präzise

Mögliche Meßsysteme:
- Reklamations-Niveau,
- Rücksendungen,
- Garantie-Leistungen/Gutschriften,
- Lieferantenbeurteilungen, Anerkennung oder Preise von Kunden.

b) Management der Kundenbeziehungen

- Das Unternehmen bestimmt die wichtigsten Faktoren bei Schaffung und Aufrechterhaltung der Kundenbeziehungen.
- Diese Faktoren werden in der Strategie und in den Umsetzungsplänen verwirklicht.
- Das Unternehmen stellt schnelle Hilfe bei Problemen bereit.
- Eine Verbesserungsstrategie für Kommunikation und handlungsumsetzendes Feedback existiert wirksam.

c) Verpflichtung gegenüber dem Kunden

- Vielfältige Arten der Verpflichtung sind etabliert, um Vertrauen in Produkte und Dienstleistungen zu fördern.
- Die erreichten Verbesserungen werden genutzt, um die Kunden zu überzeugen und sich stärker gegenüber den Kunden zu verpflichten.
- Ein Vergleich mit Verpflichtungen des Wettbewerbs wird angestellt.
- Zwischen den Kundenerwartungen und den Verpflichtungen des Unternehmens bestehen keine Diskrepanzen.

d) Ermittlung der Kundenzufriedenheit

- Das Unternehmen ermittelt systematisch, umfassend und handlungsableitend Kundenzufriedenheitsdaten.
- Marktsegmentierung und Kundengruppen mit Schlüsselanforderungen der Zufriedenheit für jedes Segment und jede Gruppe liegen vor.
- Das wahrscheinliche Verhalten der Kunden kann genügend gut abgeschätzt werden.
- Methoden und Nutzung von Wettbewerbsvergleichen sind nachgewiesen.
- Das gesamte Verfahren der Kundenzufriedenheitsmessung wird bewertet und verbessert.

e) Ergebnisse

Trends bei Gewinn und Verlust von Kunden im Vergleich zum Wettbewerb sind darzustellen, ebenso Trends bei Zugewinn oder Verlust von Marktanteilen.

Adressieren von Kundenunzufriedenheiten und Messung des Trends in den Folgejahren sind nachzuweisen.

7. Geschäftsergebnisse

Hier sind Status und Trends von Leistungsmerkmalen und Image des Unternehmens darzulegen. Es werden der Grad der Plan-Einhaltung gemessen. Vergleich zum Wettbewerb findet statt.

Wie erreicht das Unternehmen einen beständigen Erfolg in der Umsetzung finanzieller und nicht-finanzieller Ziele?

Wie zufrieden sind die Anteilseigner und Kapitalgeber?

Wie zufriedenstellend ist die Lieferanten-Qualität?

Eine gesunde Geschäftslage ist nachzuweisen.

a) Finanzielle Maßzahlen:
Daten aus der Bilanz, der Gewinn- und Verlustrechnung und der Kapital-
flußrechnung sind darzustellen:

Ergebnis   Vermögen
Cash-Flow   Vermögensrendite
Liquidität   Wertschöpfung

sowie z. B.

Analysen-Einschätzungen   Langzeit-Wert für Anteilseigner
Produktivität
Industriekostenkurve
Kosten von F & E, Vertrieb, Marketing, Verwaltung

b) Nicht-finanzielle Maßzahlen:
Die Erreichung weiterer kritischer Geschäftsziele, interne Effektivitäts- und
Effizienz-Maßzahlen, die für den stetigen Erfolg essentiell sind, ist zu zeigen.
Beispiele:

• Marktanteil,
• Fähigkeitskennzahlen der erfolgsentscheidenden Prozesse (s. a. Kategorien
  4, 5, 6):
  z. B. Fähigkeiten in bezug auf spezifizierte Merkmalswerte sowie Reduzie-
  rung von Aufwand und Zyklus-Zeiten bei:
  Auftragsabwicklung/Produktlieferung, Lager-Umschlag, Lagerergänzung,
  Batch-Zeiten, Rüstzeiten, Fertigungs- und Lieferzeiten;
  spezifischen Fertigungskosten;
  Erreichung von break-even bei Neu-Produkten;
  Antworten bei Reklamationen und Kundenzufriedenheit mit der Antwort,
• Übersicht, wieviele erreichte Verbesserungen in neue, verbesserte Spezifi-
  kationen von Leistungen umgesetzt wurden,
• Verminderung von Risikopotentialen,
• Verbesserungen in Bilanzen von Stoffkreisläufen; Recyclingsysteme,
• Mitarbeiterzufriedenheit,
• Kundenzufriedenheit,
• Leistungen von Lieferanten,
• EQA-Punkte.

Die formulierten Anforderungen geben den umfassenden Charakter des
TQM-Konzeptes wieder. Sie enthalten eine Fülle von Orientierungspunkten
und fordern die Assoziation zu unternehmensspezifischen Gegebenheiten
und eine kreative Anpassung geradezu heraus. Es resultiert schließlich ein
dem Unternehmen angepaßtes Konzept, das selbstverständlich nicht unbedingt „TQM" genannt werden muß. Die Übersicht in Abb. 1.5 vermittelt die
Ganzheitlichkeit des TQM-Ansatzes und das widerspruchsfreie Zusammenspiel seiner Elemente. Ohne den enthaltenen konzeptionellen und in sich ge-
schlossenen Regelkreis, der sich aufgrund der allgemeinen Gültigkeit der
Prinzipien jede günstig erscheinende Erfolgspotentiale enthaltende Methode
oder Vorgehensweise zunutze machen kann, bleiben die einzelnen Elemente
im Lichte dieses Konzeptes Stückwerk. Dabei ist außerdem die Offenheit des

Systems für schnelle Anpassung und Wandel sichergestellt. Die Übersicht vermittelt für „Anfänger" sicherlich den falschen Eindruck einer ungeheuren Komplexität. Da sich die zu leistende Arbeit auf sehr viele Schultern verteilt – im Idealfall beteiligt sich jeder Mitarbeiter entsprechend seiner Fähigkeiten und seines Verantwortungsbereiches –, entwickelt sich eine dem Gesamtumfang vielfältige Sensibilität für die diversen Kategorien und Elemente, die in Know-how und konkrete Handlungsableitung mündet.

1.8
Umsetzung

Die Auseinandersetzung mit den Themen des EQA muß von den Führungskräften der betrachteten operativen Einheiten geleistet werden. Nur bei intensiver Beschäftigung und geistiger Durchdringung kann ein Sendungsbewußtsein entstehen und zu einem echten, überzeugenden Führungsverhalten in Richtung TQM führen. Diese Erkenntnisarbeit kann nicht von Dritten geleistet werden.

Unternehmen, die mit TQM-Konzepten starten und noch keine eigenen Experten ausgebildet haben, wird dringend geraten, sich von einem erfahrenen Consultant methodisch beraten und unterstützen zu lassen. Die EFQM bietet auf Anfrage vorbildliche Unterlagen an, u.a. eine Bewerbungsbroschüre, Selbstbewertungsrichtlinien und Fallstudien. Die EFQM veranstaltet auch zweitägige Ausbildungen zum EQA-Trainer, die für engagierte eigene Qualitätsfachleute sehr zu empfehlen ist, wenn EQA im Unternehmen eingeführt werden soll. Verschiedene erprobte Methoden der praktischen Umsetzung sind bekannt und können auf den Einzelfall optimiert werden. Unabdingbar ist es, mit der Leitung der Einheit und zusätzlichen engagierten Mitarbeitern der zweiten und dritten Ebene zu beginnen. Als vorteilhaft hat sich der Start durch eine Halb- oder Ganztags-Informationsveranstaltung erwiesen, in der ein Überblick über TQM gegeben wird, um das Wissen der Teilnehmer auf einen möglichst gleichen Stand zu bringen. Die Teilnehmer-Anzahl sollte zwischen 16 und 18 liegen. Im gleichen Kreis folgt ein interaktiver ZweitagesWorkshop, der mit den vorgestellten Fragen der klar strukturierten Kategorien durch die Anforderungen der Awards führt. Information und anschließender Workshop stellen in Abb. 1.7 die Phase A dar.

Nach der Klärung von Verständigungsfragen werden die Workshop-Teilnehmer nach Metaplan-Technik um schriftliche Kurzformulierung von Stärken und Verbesserungspotentialen gebeten, die sie in ihrem Unternehmen erkennen. Jeder einzelne Punkt des TQM-Fragenmodells wird danach mit einer Selbstbewertung abgeschlossen, die sich aus der Mittelwertbildung aller Teilnehmerbewertungen ergibt. Dieses Verfahren hat den Vorteil, daß sich die Teilnehmer gemeinsam die Kriterien erarbeiten und erfahren, wie sich die einzelnen Themen aus diversen Bereichen einer Unternehmensführung zu einem erfolgversprechenden, umfassenden Ganzen zusammensetzen. Die Teilnehmer erkennen eine Fülle von Verbesserungspotentialen und entwickeln einen starken Willen, diese Potentiale zu nutzen. Durch die Erfahrung des sinnvoll zusammengesetzten Ganzen entsteht Tatkraft und Mut, ein komplexes Geschehen zu steuern.

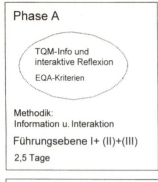
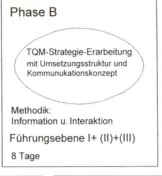

Phasen A und B
zur Einführung

Phasen C und D
zur ständigen
Nutzung, Um-
setzung und
Weiterentwicklung

Abb. 1.7. TQM-Prozeß mit Strategie-Entwicklung

Die konsequente Folge des Workshops ist in Phase B die Erarbeitung einer ganzheitlichen Strategie, die unter Verfolgung der in den Abschnitten 1.4 (incl. PIMS) und 1.7 beschriebenen Elemente die vorhandene Strategie ergänzt. Mit strukturierter Vorbereitung und entsprechenden Zwischenarbeiten wird der bereits im Workshop eingespielte Teilnehmerkreis etwa weitere 8 gemeinsame Team-Tage benötigen, um diese Arbeit zu leisten.

Die Phasen C und D von Abb. 1.7 betreffen die ständige Nutzung, Umsetzung und Weiterentwicklung der erarbeiteten Grundlagen. Aufgeführt sind die wichtigsten Elemente der aufzubauenden TQM-Infrastruktur (s. Kap. 1.11).

Das beschriebene Vorgehen wurde in mehreren größeren, eigenständigen Einheiten mit Unterstützung von Herrn J. H. Runge [20] als Consultant in die Praxis umgesetzt.

1.9
Bearbeitung der Fragen/Bewertungskriterien

Die bearbeitende Gruppe klärt Inhalt und Umfang der Fragen. Es wird dargelegt, welche Aktivitäten, Systeme oder Methoden bereits praktiziert werden und wie hoch die Effizienz der Anwendung eingeschätzt werden kann. Ein gedanklicher Vergleich mit einer idealen Anwendung erlaubt dann Aussagen zu vorhandenen Stärken, zu Ansätzen oder zu Verbesserungspotentialen. In einer Übersicht werden die Aussagen in kurzen, prägnanten Sätzen niedergeschrieben.

Um zu erfahren, wie der im Unternehmen erreichte Stand gegen den eines gedanklichen Spitzen-Unternehmens zu beurteilen ist, schlägt die EFQM Bewertungsrichtlinien vor. Dabei wird zunächst unterschieden, ob die Fragen A. das Vorgehen und die angewandten Methoden („Enablers") betreffen oder ob B. über Ergebnisse („Results") zu urteilen ist. In Tabelle 1.3 sind diese Bewertungsrichtlinien zusammengestellt.

Es stellt sich immer wieder heraus, daß Führungskräfte selbstkritisch genug sein können, um zu stimmigen Bewertungen zu gelangen und um Bedarf für vielfältige Verbesserungsprojekte zu erkennen.

Tabelle 1.3. EFQM-Bewertungsrichtlinien

A. Vorgehen und Methoden	
A.1 Qualität des Vorgehens und der Methoden	
A.2 Umsetzung des Vorgehens und der Methoden	
A.1 Minimale Ansätze, kein Konzept erkennbar.	0%
A.2 Kaum effektive Anwendung.	
A.1 Einige Anzeichen für fundierte Ansätze und auf Prävention beruhende Systeme. Gelegentlich finden Überprüfungen statt. Teilweise Integration in die tägliche Arbeit.	25%
A.2 Bei etwa einem Viertel des Potentials angewandt, wenn man alle relevanten Bereiche und Tätigkeiten berücksichtigt.	
A.1 Nachweis für fundiertes systematisches Vorgehen und auf Prävention beruhende Systeme. Wird regelmäßig auf geschäftliche Effektivität überprüft. Gute Integration in die tägliche Arbeit und Planung.	50%
A.2 Bei etwa der Hälfte des Potentials angewandt, wenn man alle relevanten Bereiche und Tätigkeiten berücksichtigt.	
A.1 Klarer Nachweis für fundiertes systematisches Vorgehen und auf Prävention beruhende Systeme. Klarer Nachweis für Verfeinerung und verbesserte Effektivität durch Überprüfungszyklen. Gute Integration in die tägliche Arbeit und Planung.	75%
A.2 Bei etwa Dreiviertel des Potentials angewandt, wenn man alle relevanten Bereiche und Tätigkeiten berücksichtigt.	
A.1 Klarer Nachweis für fundiertes systematisches Vorgehen und auf Prävention beruhende Systeme. Klarer Nachweis für Verfeinerung und verbesserte Effektivität durch Überprüfungszyklen. Vorgehen ist vollkommen in die tägliche Arbeit integriert. Könnte als Vorbild für andere Unternehmen dienen.	100%
A.2 Beim gesamten Potential in allen relevanten Bereichen und Tätigkeiten angewandt.	

Tabelle 1.3 (Fortsetzung)

B. Ergebnisse	
B.1 Güte der Ergebnisse	
B.2 Umfang der Ergebnisse	

B.1 Keine Relevanz.	0%
B.2 Ergebnisse betreffen wenige relevante Bereiche und Tätigkeiten.	

B.1 Einige Ergebnisse weisen positive Trends auf. In einigen Fällen Übereinstimmung mit den eigenen Zielen.	25%
B.2 Ergebnisse betreffen einige relevante Bereiche und Tätigkeiten.	

B.1 Viele Ergebnisse weisen seit mindestens drei Jahren positive Trends auf. In vielen Bereichen Übereinstimmung mit den eigenen Zielen. Einige Vergleiche mit anderen Unternehmen. Einige Ergebnisse sind auf das TQM-Konzept zurückzuführen.	50%
B.2 Ergebnisse betreffen viele relevante Bereiche und Tätigkeiten.	

B.1 Die meisten Ergebnisse weisen seit mindestens drei Jahren deutlich positive Trends auf. Günstige Vergleiche mit den eigenen Zielen in vielen Bereichen. Günstige Vergleiche mit anderen Unternehmen in vielen Bereichen. Viele Ergebnisse sind auf das TQM-Konzept zurückzuführen.	75%
B.2 Ergebnisse betreffen die meisten relevanten Bereiche und Tätigkeiten.	

B.1 Deutlich positive Trends in allen Bereichen seit mindestens fünf Jahren. Ausgezeichnete Vergleiche mit eigenen Zielen und anderen Unternehmen in den meisten Bereichen. „Klassenbester" in vielen Tätigkeitsbereichen. Ergebnisse sind eindeutig auf das TQM-Konzept zurückzuführen. Positive Anzeichen, daß Spitzenposition beibehalten wird.	100%
B.2 Ergebnisse betreffen alle relevanten Bereiche und Tätigkeiten.	

1.10
Maßnahmen

Nach der Ermittlung von Stärken und Verbesserungspotentialen sowie der Bewertung wird entschieden, welche der erkannten Fehlentwicklungen korrigiert, welche Stärken weiterentwickelt und welche Lücken geschlossen werden sollen. Zur Vorbereitung der Entscheidung werden aus den Vorschlägen Maßnahmen formuliert, die in eine direkte verantwortliche Bearbeitung durch Projektmanagement oder Verbesserungsteam-Arbeit münden können. Hierzu gehört die Angabe von Meßsystemen oder Maßzahlen, die Angabe der geplanten zeitlichen Entwicklung dieser Maßzahlen sowie die Angabe des vorgeschlagenen Verantwortlichen. Es folgt eine Abschätzung der Bedeutung für die Kunden, der Machbarkeit und des Zeit- und Mittelaufwandes. Abschließend ergibt sich die Rangfolge der Maßnahmen.

1.11
Infrastruktur zur Handlung

Voraussetzungen:

- Projektmanagment mit straffer Führung, z.B. mit administrativer, durchführungstechnischer Unterstützung und geschulten Projektleitern und klarer Kosten/Nutzen-Verfolgung,
- Jährliche Assessments (Selbstbewertungen oder Bewertungen durch interne Experten),
- Konzept von allen Mitarbeitern mittragen lassen:
  Ziel- und Leistungsvereinbarungen treffen,
- Erfahrung und Sensibilisierung auf allen Gebieten der Strategie entwickeln und entfalten lassen,
- Kommunikations- und Anerkennungskonzept entwickeln und nutzen.

Organisation ist kein Selbstzweck und kein Tabu, sondern immer im Zusammenhang mit den zu erreichenden Zielen zu sehen. Ablauf- und Aufbauorganisation dienen primär der Unterstützung der Strategie-Umsetzung. Sekundär dienen sie dem Nachweis, daß Vorgänge geregelt und geeignete Zuständige ernannt sind, daß praxiserprobte, aktuelle Anweisungen für Aus- und Weiterbildung zur Verfügung stehen. Organisation und Funktion sind immer an Menschen geknüpft, daher nicht einfach zu beurteilen und möglichst im Einverständnis oder unter Mitwirkung der Beteiligten nur bei erwiesenem Bedarf zu ändern. Wenn gegen diesen Grundsatz verstoßen wird, hat auch die neue Organisation wenig Chancen auf Erfolg!

In Unternehmen mit sachlich fundierter Struktur, d.h. mit

- überzeugend kommuniziertem Leitbild,
- anerkannten und beachteten Leitlinien,
- klaren, von allen getragenen und vereinbarten Strategie-Inhalten und
- definierten Geschäftsprozessen

kann viel einfacher über organisatorische Änderungen gesprochen werden als bei diffuser Führungslage.

Der Aufbau einer TQM-Infrastruktur kann sich bei eingeführter ISO 9001 gut an einigen grundsätzlichen Elementen dieser Norm orientieren, die nachfolgend diskutiert werden.

1.11.1
Basis-System

Management soll als Oberbegriff für Strukturierung, Zuordnung, Anweisung und Ausführung von Tätigkeiten auf Leitungsebenen gelten. Erfolgreiches Management ist sowohl auf Kreativität und Innovationskraft als auch auf systematische Unterstützung angewiesen. Das hier vorgestellte Basis-System wird in diesem Sinn als Unterstützung empfohlen.

Die Keimzelle des Systems bildet die seit 1987 eingeführte ISO 9001 [13]. Sie dient der Dokumentation und dem Nachweis von wichtigen und anforderungsgerecht funktionierenden Geschäftsprozessen und der Zuordnung von Teilen der Prozesse in die Verantwortung von ausreichend geschulten und befähigten Personen. Die in Form von eindeutigen und verständlichen Anweisungen und Richtlinien erstellten Unterlagen sind außerdem hervorragend geeignet, die Prozesse zu verbessern und Mitarbeiter zu unterweisen oder zu schulen. Leistungsanforderungen an Mitarbeiter und Prozesse werden in ihrem Erfüllungsgrad meßbar und transparent. Verbesserungsbedarf wird objektiver erkennbar, und Ansatzpunkte für Verbesserungen werden offensichtlich. Man erreicht ein verläßliches Zusammenspiel der Einheiten und Funktionen.

Die Vorteile des ISO 9001-Systems haben bereits zum Weiterdenken in andere Themenbereiche angeregt. So ist die Parallele zur Öko-Audit-Verordnung der Europäischen Union deutlich zu erkennen. Des weiteren sind auch Systeme zum Nachweis einer funktionierenden Sicherheitsorganisation und Elemente der Betriebsorganisation, z.B. im Zusammenhang mit § 52a Bundesimmissionsschutzgesetz (BImSchG) nach den Prinzipien der ISO 9001 vorteilhaft aufzubauen [25–27].

Akzeptiert man den für Nachweissysteme als universell anzusehenden Charakter der ISO 9001, so wird es nicht schwerfallen, ein in Grundzügen einheitliches, die Qualitätsnorm, die EU-Öko-Audit-VO und Sicherheitsanforderungen integrierendes System zu entwerfen, das alle beschriebenen Vorzüge der ISO 9001 behält und für alle Beteiligten überschaubar bleibt.

Ein solches integriertes System harmoniert völlig widerspruchsfrei mit weiterentwickelnden Überlegungen und bereits formulierten und proklamierten Programmen wie „Responsible Care" und „Sustainable Development" und selbstverständlich auch mit TQM als Gesamtkonzept. Die gemeinsame Anforderung ist nämlich die eindeutige Vorgabe, die Befähigung der Mitarbeiter und die Zuordnung der Handlung oder Ausführung. Ohne intern und gegenüber Dritten nachweisbare Handlungsableitung und erfolgreiche Anwendung bleibt alles nur Papier. Bei Verinnerlichung und Befolgung des TQM-Konzeptes wird genau das vermieden.

Das TQM-Konzept erhält durch ein integriertes Managementsystem zum Nachweis der Konformität mit bestimmten Regelwerken eine solide Basis, in der bereits die aufgeführten Prinzipien und Kriterien erfolgreich wirksam werden können. Während das integrierte System als erste Ebene die notwendige Pflichterfüllung darstellt, führt der TQM-Gedanke in die zweite Ebene, die gleichsam das Basislager zur Erreichung des Gipfels der Exzellenz und Marktführerschaft bildet.

1.11.2
Organisatorische Unterstützung von TQM

Um das TQM-Konzept mit allen Teilen dauerhaft wirksam werden zu lassen, bedarf es der ständigen ideellen und organisatorischen Unterstützung. Die Führungskräfte ergreifen die Initiative, sie lenken und überprüfen die Aktivitäten, teilen die Ressourcen zu und sorgen für die Anerkennung der geleisteten TQM-Arbeit. Je nach Größe des Unternehmens werden die Aufgaben unterschiedlich wahrgenommen. Für einen global orientierten, multinationalen Konzern wird sich die oberste Leitung auf die wesentlichen Steuerungselemente beschränken (Kap. 1.2 und 1.3) und den einzelnen Einheiten Spielräume zur kreativen Gestaltung ihrer Strategie belassen, mit der die Leitbilder und Leitlinien eingehalten werden sollen. Neben der Steuerung der personellen und kapitalmäßigen Ressourcenzuteilung nach transparenten Kriterien wird auch vorzuschreiben sein, wie die Potentiale von TQM-Konzepten nach Abb. 1.7 zu nutzen sind. Als infastrukturelle Maßnahme zur Entwicklung, Überprüfung und Korrektur wird eine Instanz einzurichten sein, die Meßsysteme vorgibt und den vergleichenden Überblick behält.

Viele Konzerne verpflichten beispielsweise ihre Einheiten zu TQM nach MBA, EQA oder selbst entwickelten Konzepten mit den zugehörigen Überprüfungsverfahren. Eigene Mitarbeiter werden zu Begutachtern ausgebildet und beauftragt, die Einheiten beim Aufbau ihres TQM zu beraten und die Bewertungen nach einem festgelegten Standard durchzuführen.

In manchen japanischen Unternehmen werden sogenannte „A-Audits" von den Vorstandsvorsitzenden selbst durchgeführt (Kap. 1.2.3). Ein Vergleich der einzelnen Einheiten dient dann im besten Benchmarking-Verständnis dem gegenseitigen Informationsfluß zur Verbesserung aller Teile des Ganzen.

Leistungsvereinbarung, Leistungsmessung und entsprechende Konsequenzen sind Prinzipien, die bereits von der Unternehmensspitze her auf diese Weise vorzugeben sind und sich bis zum einzelnen Mitarbeiter anwenden lassen.

In der der Top-Ebene folgenden Leitungs-Ebene der eigenständigen Einheiten werden entsprechend den Konzern-Vorgaben detaillierte Konzepte entwickelt, vereinbart, umgesetzt, überprüft und weiterentwickelt. In abgestufter Form werden so alle Divisionen, Werke, Abteilungen und Betriebe bis zum einzelnen Mitarbeiter einbezogen.

Es muß unbedingt vermieden werden, daß sich eine eigene Qualitäts-Hierarchie ausbildet. Gemäß dem Grundsatz: „Verantwortung und Kompetenz am Ort der Leistungsentstehung vereinen" dürfen die unterstützenden Experten, die außerhalb der Linienverantwortung arbeiten, nur in sehr begrenzter Anzahl als hauptamtlich Tätige auftreten. Diese Experten sind gleichsam „interne Consultants" oder Ratgeber, Trainer und methodisch helfende Begutachter. Nur so kann sich die richtige TQM-Kultur bilden und von jedem einzelnen Mitarbeiter verinnerlicht werden.

In der Ebene der Leitungen der eigenständigen Einheiten bedeutet dieser Grundsatz, daß die Mitglieder der Leitung eigenes Engagement am TQM-Konzept zeigen und sich lediglich beratend und administrativ unterstützen lassen. Ist die Strategie gemäß den Vorgaben entwickelt und mit dem Topmanagement vereinbart, sollte sofort mit der Umsetzung begonnen werden. Maßgeblich als Methodik der Umsetzung ist Projektmanagement anzusehen, das von einer übergeordneten Kraft administrativ unterstützt werden muß. Als weiteres generelles Element sind die internen und externen Audits anzusehen, die es der Leitung ermöglichen, über Stand und Notwendigkeit von Korrekturen und Weiterentwicklungen zu befinden.

Abbildung 1.8 zeigt, wie die organisatorische Unterstützung für TQM-
Maßnahmen aussehen könnte. Die Mitglieder der Leitungen der Einheiten
werden das „TQM-Team" bilden, das den obersten Lenkungskreis für das
TQM bzw. für die Strategie-Umsetzung darstellt und damit dem übergrei-
fenden Informationsfluß, der Überprüfung und Entwicklung des Gesamtsystems dient. Außerdem führen die Mitglieder der Leitung eigene Teams, die
für die Entwicklung der einzelnen Kategorien oder Teile des Gesamt-Kon-
zeptes verantwortlich sind. Diese „Kategorie-Teams" bilden im Lauf der Zeit
Expertenwissen und entwickeln Sensibilität für die Inhalte ihrer Kategorien
aus. So gelingt es, die für TQM-Anfänger sicherlich erschreckend kompli-
ziert und umfangreich wirkenden Anforderungen sinnvoll auf viele Schultern zu verteilen. Kategorie-Teams werden in der Regel drei bis sechs ständige Mitglieder haben, das TQM-Team etwa sechs. Das Vorgehen bei der universellen Sequenz (Kap. 3) hat beim Aufbau der TQM-Infrastruktur Pate
gestanden. Diese Methode der systematischen Verbesserungsarbeit hat innerhalb TQM nach wie vor große Bedeutung.

Die Leitung der Einheit übernimmt auch die TQM-Leitung. Anzuraten ist
die Bildung von 7 Kategorie-Teams mit Aufgaben nach den Bereichen (1)
Führung sowie Gesellschaftliche Verantwortung/Image, (2) Politik & Strategie, (3) Information & Analyse sowie Management der Ressourcen, (4) Perso-
nalentwicklung/Mitarbeiterzufriedenheit, (5) Geschäftsprozesse, (6) Kundenorientierung und -zufriedenheit, (7) Geschäftsergebnisse. In Abb. 1.9 ist dargestellt, wie TQM-Arbeitsebenen aufgebaut sein können.

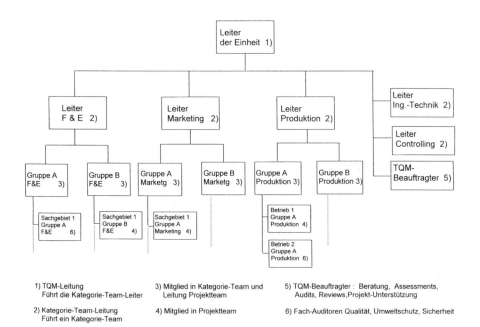

Abb. 1.8. Organisatorische Unterstützung für TQM

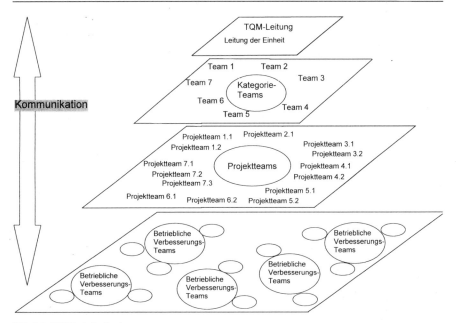

Abb. 1.9. TQM-Arbeitsebenen

Die Einteilung in Kategorie-Teams entspricht dem Aufbau der Fragen in Kap. 1.7. Sie werden von Mitgliedern der Leitung der Einheit geführt. In regelmäßigen Abständen erstatten die Teamleiter Bericht über Fortschritte und Entwicklungen in ihren Kategorien. Bei den möglichst jährlich zu treffenden Selbstbewertungen des erreichten Standes gemäß dem Fragenmodell in Kap. 1.7 werden Punktzahlen ermittelt, die mit dem Punkte-Ziel des Vorjahres verglichen werden. Auf diese Weise lassen sich Ziele vereinbaren und die Erreichung überprüfen.

Die Kommunikation innerhalb und zwischen den Arbeitsebenen muß gesteuert werden. Themen sind: TQM-Einführung und -Fortschritte, Ziele und Zielerreichungsgrad der Strategie, Schulungsprogramme, Erfolge und Mißerfolge, Anerkennung von Gruppen und Einzelpersonen. Bewährtes, unterstützendes Medium ist ein TQM-Informationsblatt, das von einem Redaktionsteam herausgegeben wird.

Mit Projektmanagement wird ein effektives Zusammenwirken von Projektleiter, Teammitgliedern und Tutoren administrativ unterstützt. Elemente sind z.B. Projektblatt mit Zielformulierung und Verfolgung, Zeitplan, Start-Veranstaltung, Zwischenpräsentationen, offizielles Ende bzw. klare Abgrenzung zu weiterführenden Projekten, Aufwand/Nutzen-Kontrolle, Training für Projektleiter und Mitglieder von Projektteams.

Betriebliche Verbesserungs-Teams werden idealerweise eingeführt über ein interaktives TQM-Schulungsprogramm innerhalb der bestehenden Hierarchie. Ein anschließender Workshop in den einzelnen Schulungsgruppen, die identisch mit den Arbeitsgruppen sein sollen, arbeitet die vielfältigen, während der Schulungseinheiten vorgebrachten Vorschläge und Ideen auf und leitet zu moderierter Verbesserungsteam-Arbeit über. Weitere Stationen sind: Moderatoren ausbilden, Teams bilden und mit abgestimmter Themenliste starten; Führungskräfte halten Kontakt mit ihren Verbesserungsteams; die Ergebnisse der Gruppenarbeit werden anerkannt und bei Eignung umgesetzt. Das Betriebliche Vorschlagswesen wird selbstverständlich aktiv weitergeführt. Alle Verbesserungsvorschläge, selbstverständlich auch die der Teams, werden dem Prämierungs- und Anerkennungsverfahren gemeldet.

Das wichtigste, zusammenfassende Meßsystem, das über Schwachstellen und über Erfolge Auskunft gibt, ist die Bewertung nach dem EQA-Punktesystem (Abschnitt 1.7).

1.11.3
Teamarbeit/Projektmanagement

Die Einführung und Förderung von Teamarbeit ist nach der überzeugenden Kommunikation mit dem einzelnen Mitarbeiter der zweite Schritt für operative TQM-Aktivitäten. Dieser Schritt ist mitentscheidend, ob der bis zu diesem Zeitpunkt erfolgte Verbesserungsvorgang in einen Erfolg oder Mißerfolg mündet. Teamarbeit ist als ein allgemeines Prinzip aufzufassen und soll auf und zwischen allen Ebenen und Funktionen angewendet werden. Nur so kann man den immer komplizierteren Zusammenhängen mit dem die verschiedensten Bereiche umfassenden Netzwerk der Anforderungen und Chancen gerecht werden. Parallelen bietet die Informationstechnologie, die bei entsprechender Architektur die Effektivität und Effizienz der Teamarbeit erheblich unterstützen kann. Bei starker interdisziplinärer Ausrichtung und hoher Wichtigkeit des Projektzieles wird oft von „Projektmanagement" [28] gesprochen, bei der sonstigen Teamarbeit je nach Ebene von „moderierter Gruppenarbeit", „Qualitätszirkeln" [29] oder „betrieblichen Verbesserungsteams" (s. a. Kap. 3). Die grundlegenden Leitlinien der Teamarbeit bleiben dabei unverändert. In großen, internationalen Unternehmen wird Teamarbeit mit Blick auf die oft ebenfalls international agierende Kundschaft zur kultur- und entscheidungsintegrierenden Problemlösung beitragen. Die Reihenfolge bei der Einführung und Förderung von Teamarbeit lautet:

1. Problembezogene, Kosten/Nutzen-orientierte, zeitlich begrenzte Teamarbeit;
   - Praxisnahe Problemlösung erfolgt innerhalb eines Arbeitsbereiches oder funktionsintegrierend,
   - Kosten/Nutzen-Betrachtung zwingt zu wirtschaftlichem Denken,
   - Stärkung der persönlichen Kommunikationsfähigkeit (Erfassen der Gedanken derer, eigene Gedanken verständlich machen, voneinander lernen).
   Trainiert werden dabei auch persönlichkeitsbildende Elemente wie Kooperationsfähigkeit, Initiative, Selbstsicherheit, Offenheit bis zur Autonomie in einem klaren Rahmen. Erst wenn dieser erste Schritt auf allen Ebenen gelungen ist, kann man sich der „hohen Schule" der Teamarbeit zuwenden:

2. Bildung „selbststeuernder" Teams (selfdirected working groups) und
3. Einführung von hierarchiearmem, teamgeführtem Geschäftsprozeßmanagement.

Teamarbeit und Projektmanagement werden innerhalb der Universellen Sequenz in Kapitel 3 ausführlich in Zusammenhang mit Bedarfsnachweis, Projektidentifikation und Organisation der Projekte behandelt.

1.12
Zusammenfassung

Hat ein Unternehmen das Leitbild einer kreativen, erfolgreichen Zusammenarbeit, so kann Total Quality Management, z. B. mit einem Modell wie EQA, eine Anregung zur Schaffung eines vielgestaltigen Führungskonzeptes sein. Das „Total" im Titel als totalitären Anspruch aufzufassen und ein Korsett für jeden daraus zu schneidern, wäre indes völlig verfehlt. Möglicherweise liegt in diesem Mißverständnis die Ursache für das Scheitern solchermaßen technokratisch ausgelegter TQM-Versuche. EQA oder MBNQA sind ebenso wie der Deming-Preis als bewußtseinsbildende, Ideenreichtum anspornende Fragesysteme aufzufassen, deren Beantwortung und Handlungsableitung durch Individuen erfolgt, so daß eine spezifische und sich von anderen Unternehmen sicherlich unterscheidende Erfolgsentwicklung eingeleitet werden kann. Wer etwas Ungewöhnliches erreichen will, muß in unserem Zeitalter der Kommunikation und der stark vernetzten Leistungserstellung Menschen überzeugen können. Während früher autoritär angeordnet werden konnte, bedarf es heute nachvollziehbarer, konsensfähiger Konzepte. Die vorgestellten TQM-Fragen enthalten Anregungen zur Gestaltung und Verbesserung der wichtigsten Abläufe in einem Unternehmen. Das Individuum ist gefragt in seiner Fähigkeit, sich zu engagieren und sich abzustimmen. Auf viele Schultern verteilt, kann der Sinninhalt von TQM zu einem Reservoir von Wissen, Können und Erfolg werden, das sich selbst trägt und weiterentwickelt.

2 Methoden und Werkzeuge

Um im internationalen Wettbewerb erfolgreich bestehen zu können, zum Erreichen von „World Class Quality" sind verschiedene Werkzeuge erforderlich. Sie alle haben sicherlich ihre Berechtigung und an der richtigen Stelle angewandt, werden sie dem Unternehmen helfen, den Konkurrenzvorsprung zu erzeugen, zu erhalten und auszubauen. In der Abb. 2.1 ist auf der Zeitachse der Erfolg am Markt aufgetragen. Neben vielen Verbesserungen innerhalb des bestehenden Systems, die in der Summe kontinuierlichen Charakter haben, sind auch größere Sprünge zu sehen, die von Innovationen oder der Einführung gänzlich anderer Prozesse herrühren. Die Innovation mit neuen Produkten bringt sicherlich die größten Effekte, erfordert allerdings auch den größten Aufwand in Forschung und Entwicklung. Das Benchmarking (Abschn. 2.6), besonders unter dem globalen Aspekt betrachtet, gibt eine Möglichkeit, sich selbst und seine Organisation einzuordnen. Das Reengineering ermöglicht die Chance, den Prozeß zur Erreichung eines Zieles unter völlig neuen Gesichtspunkten zu strukturieren. Daneben gibt es die Systembeschreibung und -betrachtung nach den Elementen der internationalen Norm ISO 9000 ff. Die Systembeschreibung ist besonders hilfreich als Darlegung von Prozessen und damit der Sicherung des erreichten Standes. Dieses System von Sicherung und

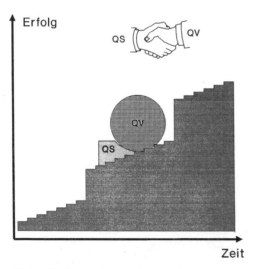

QS: System:

ISO 9001

QV: Werkzeuge:
Universelle Sequenz
Statistische Prozeßkontrolle
Quality Function Deployment
Risiken erkennen und ausschalten
Design of Experiments
Benchmarking
Reengineering

Abb. 2.1. Qualität – ein gemeinsamer Weg

Verbesserung ergänzt sich gegenseitig und soll langfristig zu einem überdurchschnittlichen Ergebnis bei gleichzeitiger Kundenzufriedenheit führen.

Es gibt eine Vielzahl von Werkzeugen, die bei TQM erfolgreich eingesetzt werden können. Einige davon sollen an dieser Stelle kurz erläutert werden, wobei aufgrund ihrer Sonderstellung die universelle Sequenz im Kapitel 3 und die statistische Prozeßkontrolle im Kapitel 4 ausführlich beschrieben werden. Die übrigen Werkzeuge werden dagegen nur kurz erläutert, es wird auf die mittlerweile vielseitige Literatur verwiesen, welche dem Praktiker eine Fülle von Information und ausreichende Hilfestellung bietet.

2.1
Die universelle Sequenz für Qualitätsverbesserungen

Diese Methode der ständigen Verbesserungen [30], continuous improvement, geht auf den Amerikaner Joseph M. Juran zurück. Seine Aktivitäten auf diesem Gebiet hatten ihren Ursprung in den 20er Jahren bei den Hawthorne Works in der Nähe von Chicago, wo er in Zusammenarbeit mit anderen Mitarbeitern ein großes Qualitätsproblem löste. Hier liegen die Grundlagen der universellen Sequenz, welche dann in größerem Stil ab 1954 in Japan geschult wurden [31]. Diese Schulungen gingen immer top-down und begannen mit der Unternehmensspitze. Die Japaner waren sehr gute Schüler, sie hörten nicht nur dem Lehrer zu, sondern sie verstanden auch, das Gehörte in die Praxis umzusetzen.

Das Wort „universell" bedeutet hier, daß sich diese Sequenz auf viele Problemfälle anwenden läßt. Die Vorgehensweise besteht im Prinzip aus acht Punkten: Bedarfsnachweis, Projektidentifikation, Organisation der Projekte, Organisation der Diagnose, Wissensdurchbruch, Therapie, Widerstand gegen den Wandel und Erhalten der Verbesserung. Diese Sequenz ist im Kapitel 3 näher beschrieben [32, 33].

2.2
Statistische Prozeßkontrolle

Diese Methode hat ebenfalls ihre Wiege bei den Hawthorne Works in der Nähe von Chicago, USA. In den 20er Jahren gab es signifikante Qualitätsprobleme, die dazu führten, daß eine eigene Qualitätsabteilung gegründet wurde. Unter den Mitarbeitern dieser Abteilung war auch Walter Shewhart [34], der sich mit den Gesetzen der Wahrscheinlichkeitslehre befaßte. Er teilte die Variabilität in zwei Gruppen ein. „While every process displays variation, some processes display *controlled* variation, while others display *uncontrolled* variation." Er definierte „controlled variation" als einen stabilen Zustand mit konstanter Variabilität über die Zeit, wobei er die Ursachen für die Variabilität dem Zufallsprinzip (chance causes) zurechnete. Heute bezeichnen wir dies als natürliche Variabilität. Die „uncontrolled variability" hingegen zeichnet sich durch eine über die Zeit ändernde Variabilität aus. Shewhart führte diese Variabilität auf bestimmbare Ursachen zurück. Dies ist die unnatürliche Variabilität.

Als Konsequenz aus Shewharts Überlegungen ergeben sich zwei unterschiedliche Vorgehensweisen, einen Prozeß zu verbessern. Ein Prozeß mit ausschließlich natürlicher Variabilität ist stabil und vorhersagbar. Die Variabilität, welche beobachtet wird, ist inhärenter Bestandteil des Prozesses, sie ist dem Prozeß eigen. Um diese Variabilität zu reduzieren, muß der Prozeß selbst geändert werden.

Verfügt der Prozeß zusätzlich noch über die unnatürliche Variabilität, so ändert sich der Prozeß über die Zeit, er ist instabil, unbeständig. Nach Shewhart verursacht diese Instabilität übermäßige Variabilität, welche nicht Bestandteil des beabsichtigten Prozesses ist. Um diesen Prozeß zu verbessern, muß man die Ursachen für die unnatürliche Variabilität erkennen und entfernen. Shewhart behauptet daher, daß eine Prozeßverbesserung mit einer Bestandsaufnahme beginnt, um festzustellen, welche Art von Variabilität vorhanden ist. Das Werkzeug zur Anzeige der Variabilität ist die Regelkarte, welche er 1924 publizierte [34, S. 5 und 6]. Im Jahre 1931 wurde sein Buch „The Economic Control of Quality of Manufactured Product" [35] veröffentlicht.

W. Edwards Deming arbeitete zeitweise mit Shewhart zusammen und erkannte das Potential von Shewharts Werkzeugen. Deming half der Japanischen Regierung im Jahre 1947 bei der Vorbereitung zu einer Volkszählung. Japanische Führungskräfte waren sich zum damaligen Zeitpunkt bewußt, daß die japanische Industrie nur mit drastischen Veränderungen am internationalen Markt langfristig bestehen kann. So wurde auch Deming um seine Meinung gefragt. Er versprach den Japanern, daß ihr Land eine wichtige Rolle im internationalen Markt einnehmen könnte, wenn sie statistische Methoden in ihren Fertigungen anwenden würden. Die Umsetzung, auf breiter Basis, wurde durch das Engagement von Ichiro Ishikawa, dem Vorsitzenden der Union of Japanese Scientists and Engineers (JUSE) ermöglicht.

Im Kapitel 4 ist die statistische Prozeßkontrolle nach Shewhart und Deming im Detail beschrieben.

2.3
Quality Function Deployment (QFD)

QFD ist ein System abgestimmter Planungs- und Kommunikationsabläufe, mit dem die Kundenerwartungen an ein Produkt erfaßt und systematisch in die betrieblichen Anforderungen und Abläufe umgesetzt werden [36]. QFD dient primär dazu, die „Stimme des Kunden" systematisch und detailliert in die richtigen Merkmale bestehender Produkte und Produktionsprozesse zu übersetzen. QFD kann darüber hinaus auch zur Themenstellung für sondierende Forschungsprojekte vorteilhaft angewendet werden und Neuentwicklungen bereits in der Entstehung zielsicher auf Kundennutzen ausrichten.

Die wirkungsvolle Anwendung von QFD setzt die Ausrichtung der Organisation auf die Erwartungen der Kunden voraus sowie die Bereitschaft, bereits in der Planungsphase das Prinzip vom Vorrang der Fehlerverhütung gegenüber späterer Fehlerbeseitigung konsequent anzuwenden.

Die Arbeiten bei QFD erfolgen in interdisziplinären Teams. Diese sind in ihrer Zusammensetzung sehr flexibel und bestehen aus Experten der verschiedensten Fachdisziplinen. Alle Planungsschritte werden in einer kompakten und übersichtlichen Weise visualisiert. Dabei wird häufig die Darstellung

House of Quality verwendet. Sie ist der Wissensspeicher der Entwicklungs-
arbeit des jeweiligen Projektes. Sie erlaubt auch das schnelle Erkennen der
verschiedensten wechselseitigen Abhängigkeiten, selbst bei komplexen Vernetzungen. Die Methode des QFD eignet sich für die Planung neuer Leistungen des Unternehmens, sowohl für materielle Produkte als auch für Dienstleistungen und Ablaufsysteme bis hin zu abstrakten Fragen wie Organisations-
entwicklung oder anderen Themen der Geschäftspolitik [37 – 41].

2.4
Fehlermöglichkeiten erkennen und ausschalten (FMEA)

FMEA ist die Abkürzung der englischen Failure Mode and Effects Analysis,
wofür sich im deutschen Sprachbereich verschiedene Übersetzungen heraus-
gebildet haben [42].

Bei der FMEA-Methode handelt es sich um eine systematische Analyse zur
Qualitätsplanung von Lieferungen und Leistungen. Sie ist ein wirksames Hilfs-
mittel, um Risiken zu vermindern bzw. gänzlich zu vermeiden. Die Fehler-
möglichkeiten eines Verfahrens werden bestimmt, deren Auswirkungen beim
nächsten Abnehmer beurteilt, sowie deren mögliche Ursachen frühzeitig er-
forscht. Es können gezielt Maßnahmen zur Vermeidung von Fehlern festgelegt
werden. Über eine Kenngröße, der Risikoprioritätszahl (RPZ), läßt sich eine
Rangfolge der zu ergreifenden Maßnahmen ermitteln.

Man unterscheidet im Hinblick auf die Einsatzgebiete mehrere Arten von
FMEA. Die wichtigsten sind die Entwicklungs-FMEA und die Prozeß-FMEA.

Die Entwicklungs-FMEA wird schwerpunktmäßig bei der Konstruktions-
planung von zu fertigenden Teilen oder Teilegruppen eingesetzt, um Kon-
struktionsfehler auszuschalten. Das entsprechende Einsatzgebiet für die Entwicklungs-FMEA im Bereich der chemischen Industrie ist die Entwicklung
neuer Produkte gemäß einem bestimmten Anforderungsprofil sowie der zugehörigen chemisch-technischen Verfahren.

Die Prozeß-FMEA ist für die chemische Industrie von großer Bedeutung,
um laufende Prozesse zu optimieren. Unter Prozessen sind nicht nur Verfahren in der Produktion sondern auch Abläufe in anderen Funktionen des Unternehmens zu verstehen. Mit der FMEA-Methode wird aus ihrem ursprünglichen Verständnis heraus das Ziel verfolgt, durch eine Optimierung der Ein-
zelschritte und ihrer Abfolge sicherzustellen, daß möglichst keine fehlerhaften
Lieferungen oder Leistungen zum Abnehmer gelangen. Es ist nicht das Ziel
einer FMEA, die Auslieferung bereits erzeugter, fehlerhafter Lieferungen und
Leistungen durch geeignete Prüfverfahren zu verhindern [43, 44].

2.5
Design of Experiments (DOE)

Statistische Versuchsplanung ist die systematische und zielorientierte Planung
von Versuchen [45]. Vom Anwender verlangt sie ein definiertes Versuchsziel
und bietet ihm die Methoden, um dieses Ziel sicher, zügig und kostengünstig
zu erreichen.

Statistische Versuchsplanung ist mehr als die Zusammenstellung von Planungsmethoden. Vielmehr umfaßt sie auch Vorgehensweisen, um zu einem Problem den geeigneten Versuchsplan zu finden, Auswertungsmethoden und Darstellungsmethoden. Ein Versuchsplan ist eine Liste von Einstellkombinationen der kontrollierbaren Einflußparameter eines Prozesses oder einer Versuchsanordnung, die im Laufe eines Versuches variiert werden. Ein guter Versuchsplan ist insbesondere dadurch ausgezeichnet, daß im Anschluß an die Versuchsdurchführung signifikante und somit reproduzierbare Ergebnisse gewonnen werden können.

Die statistische Versuchsplanung ist ein wertvolles Werkzeug zur systematischen und rationellen Informationsgewinnung und zur Qualitätsverbesserung. Sie kann sowohl in der Planungs- als auch in der Fertigungsphase von Produkten oder Prozessen eingesetzt werden. Ihr Einsatz senkt wegen des Zeitgewinns bei reduziertem Versuchsaufwand die Kosten und steigert die Qualität der gewonnenen Information. Die statistische Versuchsplanung ist das klassische Beispiel einer Methode der vorbeugenden Qualitätssicherung und gewinnt in einem Umfeld, in dem kurze Entwicklungszeiten neuer oder verbesserter Produkte für den Markterfolg entscheidend sind, zunehmend an Bedeutung [46 – 52].

2.6
Benchmarking

Häufig wird dieser Begriff als allgemeines Prinzip des „Lernens durch Vergleich mit den Besten" erläutert [53, 54]. In der ersten Stufe stellt dieses Prinzip den altbekannten Vergleich mit der eigenen Leistung auf der Zeitachse dar, z. B. welche Stückkosten hatte ich 1993 im Vergleich zu 1994? Ausgehend von diesem sehr einfach gebildeten Faden wird nun ein ganzes Geflecht von Vergleichen gesponnen, das international mit „Benchmarking" beschrieben wird.

Die nächsten Stufen sind folgerichtig: Vergleich mit anderen Einheiten des eigenen Unternehmens, Vergleich mit Wettbewerbern, Vergleich mit dem Marktführer. Sinn haben solche Vergleiche nur, wenn man die Voraussetzungen schafft, daraus lernen zu können und zu wollen. Altbekannt ist der Ansatz der Produktvergleiche des eigenen Unternehmens mit denen des Wettbewerbs mit der Methode der Wertanalyse. Bezieht man sich auf Geschäftsprozesse wie z. B. Versand, so ist vielfach auch ein Vergleich mit den entsprechenden Prozessen von Nicht-Wettbewerbern interessant. Soll die Beschaffung verglichen werden, wird eine Einkaufspotential-Analyse durchzuführen sein. Benchmarking läßt sich rein technokratisch als Werkzeug nutzen, indem z. B. nach folgendem Schema verfahren wird:

- zu vergleichende Produkte, Services, Prozesse auswählen,
- Spezifizieren mit Kennzahlen und Meßsystemen,
- Vergleichspartner auswählen,
- eigene Leistung und die des Vergleichspartners objektiviert messen,
- Erkenntnisse in Handlungsableitung umwandeln (Projekt, Aktion),
- Maßnahmen einführen und Erfolg messen, Rückkopplung,
- neue Benchmarks setzen.

2.7
Prozeß-Engineering und Reengineering

In Kapitel 1.5 wurden im Zusammenhang mit Geschäftsprozessen die grundlegenden Inhalte des Prozeßmanagements beschrieben, zu denen auch die Engineering-Begriffe gehören. Sie sind wie Benchmarking auch als übergeordnete oder zusammenfassende Werkzeuge aufzufassen, mit denen die Fähigkeit von Prozessen aller Art verbessert werden kann: Will man Qualität als Wettbewerbsfaktor für sein Unternehmen nutzen, so ist das Verstehen, Analysieren und ständige Verbessern der wesentlichen kosten-, mitarbeiter- und kundenorientierten Prozesse unabdingbar. Beim Prozeßengineering benötigt man das geplante, überwachte und ausgewertete Zusammenspiel vieler Werkzeuge, z. B.

- Sammlung und Darstellung von Daten (Strichlisten, Fehlerkarten, Zeitmessung),
- Datenanalyse (Paretoanalyse, Häufigkeitsdiagramm, Ursache-Wirkungs-Diagramm),
- beschreibende und vorhersagende Statistik (Fähigkeits-Kennzahlen, SPC-Kennzahlen, Zuverlässigkeit, Verfügbarkeit, Fehlerbaumanalyse),
- Verbesserungsgrundlagen (Korrelationsanalyse, Statistische Versuchsplanung, FMEA),
- Verbesserung einführen, überprüfen, sichern (SPC-Regelkarten, FMEA).

Erst nach der eindeutigen Spezifizierung und Fähigkeitsmessung eines Prozesses mit den angegebenen Mitteln kann daran gedacht werden, Benchmarking zu betreiben oder ein Reengineering durchzuführen. Es ist nicht sinnvoll, die Stufe des Engineering überspringen zu wollen, denn auch der neu eingeführte Prozeß (Reengineering) muß in seiner Effektivität und Effizienz gemessen werden (in sich selbst, gegen den alten und gegen andere Alternativen).

2.8
Einsatz der Werkzeuge

Stellt man das TQM-Modell des europäischen Qualitätspreises in den Mittelpunkt, so ist hierbei die Kundenzufriedenheit der zentrale Aspekt. In Abb. 2.2 ist zu erkennen, wie die einzelnen Werkzeuge dazu beitragen, die Kundenzufriedenheit zu erhöhen. Es soll hierbei nicht der Eindruck erweckt werden, als würden die Werkzeuge ausschließlich dort eingesetzt werden, wo sie im Bild eingezeichnet sind. Im Gegenteil, die Werkzeuge ergänzen sich durchaus und werden häufig gemeinsam angewandt. Hier ist lediglich der Haupteinsatz angedeutet.

Bei allen Aspekten ist das Benchmarking eine Möglichkeit der Vorgehensweise, um eine Standpunktbestimmung durchzuführen. Die Bewertung eigener Aktivitäten gegen gleichartige Abläufe anderer Abteilungen oder Unternehmen wird hier wertvolle Informationen geben und eventuell Prioritäten für die weitere Vorgehensweise setzen.

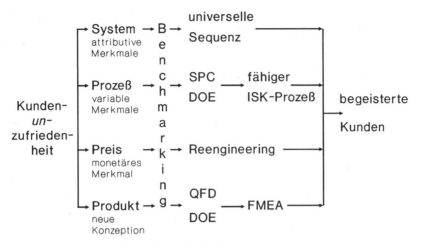

Abb. 2.2. Verbesserung der Kundenzufriedenheit

Bei der Logistik oder bei attributiven Merkmalen, welche zu verbessern sind, bietet sich eventuell die universelle Sequenz an. Als typisches Beispiel sei hier das Fehlen von Begleitdokumenten bei der Lieferung des Produktes genannt. Ein weiteres typisches Beispiel wäre die Lieferung des Granulates in falschen Säcken.

Liegt der Kunden*un*zufriedenheit ein variables Merkmal zugrunde, so ist eventuell die statistische Prozeßkontrolle angebracht. Ein typisches Beispiel wäre: die Reinheit des gelieferten Wirkstoffes (Prozent Reinsubstanz) entspricht nicht den Spezifikationen.

Ist die Preisvorstellung des Kunden wesentlich niedriger im Vergleich zum aktuellen Preis und liegt der Gewinn der Produktlinie weit unter den Erwartungen, so wird mit dem bisherigen System vielleicht keine signifikante Verbesserung für den Kunden und den Lieferanten möglich sein. Hier wird ein von Grund auf neues System benötigt, welches mit Reengineering erstellt wird.

Sind die Produkteigenschaften weit von den Vorstellungen des Kunden entfernt, bedarf es eines neuen Produktes. Um die Vorstellungen des Kunden in technische, physikalische und chemische Spezifikationen umzusetzen, kann die Methode Quality Function Deployment hilfreich sein.

Mittels Design of Experiments wird ein robuster Prozeß entwickelt, welcher durch die Methode Fehler-Möglichkeiten-Erkennen-und-Ausschalten zuverlässiger gestaltet wird.

Die FMEA-Methode kann nebenbei auch auf andere Aspekte ausgedehnt werden. So wird sie z.B. bei der Arbeitssicherheit, Anlagensicherheit und dem Umweltschutz erfolgreich eingesetzt. Die Mitarbeiter z.B. eines Energiebetriebes benutzen die Vorgehensweise der FMEA, um eventuelle Schwachstellen zu erkennen und diese gleichzeitig durch entsprechende, selbstverfaßte Betriebsanweisungen zu kompensieren. Die Betriebsleitung setzt hierbei die Schwerpunkte, gibt Themengebiete vor und legitimiert die von den Mitarbeitern erarbeiteten Unterlagen und setzt diese in Kraft.

Daher kann man diese Methode auch umbenennen in: Risiken erkennen und ausschalten (REA). Der Reiz dieser Methode liegt in der vielfachen Anwendbarkeit. Hat man einmal die Systematik der Methode erlernt, kann man sie auf den verschiedenen Themen der Sicherheit neben der Qualität des Produktes anwenden.

2.8.1
Vernetzung der Methoden

Das folgende Beispiel soll zeigen, wie sich verschiedene Werkzeuge kombinieren lassen und gemeinsam zu verbesserten Produkten und Dienstleistungen führen können. Bei der Aufstellung der QFD erfährt man durch Kundenbefragung, daß die Konkurrenz ein höheres Leistungsvermögen in bezug auf verschiedene für den Kunden wichtige Merkmale aufweist. Überhaupt hält man diesen Wettbewerber für den Marktführer in manchen Belangen. Hier wird bereits deutlich, daß mit der Aufnahme der Kundenanforderungen ein Benchmarking praktiziert wurde. Dies führt bei genügend Offenheit, Selbstkritikfähigkeit und Handlungsvermögen zu einer Untersuchung der internen Prozesse, die diese Merkmale beeinflussen oder bestimmen. Dazu bedient man sich z. B. einer FMEA, welche die Prozeßschritte mit dem größten Fehlerpotential in bezug auf diese Merkmale klar zu erkennen gibt. Möglicherweise kann auch das Konkurrenzprodukt begleitend untersucht werden (wieder Benchmarking). Um die mit der Methode des FMEA ermittelten Risiken zu minimieren oder auszuschalten, ist möglicherweise eine Statistische Versuchsplanung (DOE) anzuraten, um sich Klarheit über die Abhängigkeiten (signifikante Korrelationen) zu verschaffen und zu robusten Prozessen zu kommen. Um gegen den Ist-Zustand messen zu können, muß in allen Fällen die SPC angewendet werden. Nur auf diese Weise läßt sich erkennen, ob der untersuchte (Teil-)Prozeß überhaupt in statistischer Kontrolle verläuft und damit die Voraussetzungen für eine DOE-Methode erfüllt.

Dieses Beispiel soll dazu beitragen, Hemmungen und Berührungsängste vor diesen Methoden und Werkzeugen abzubauen. Sie leisten lediglich Hilfestellung, um präzise und ohne zeitliche und finanzielle Umwege zu wichtigen Erkenntnissen und richtigen Handlungen zu gelangen. Methoden und Werkzeuge sollten nicht zwanghaft und akademisch voneinander abgegrenzt oder positioniert werden. Oft ist das Zusammenwirken und die gegenseitige Ergänzung nötig, um dauerhaft Erfolg zu haben.

3 Universelle Sequenz für Qualitätsverbesserungen

Diese Methode der Qualitätsverbesserungen und Kostenreduzierungen läßt sich universell in Produktion, Marketing, Werkstätten, Verwaltung, Forschung, Produktentwicklung, also bei allen Leistungsprozessen anwenden. Als besonders erfolgreich hat sich ein Vorgehen herausgestellt, das aus einer Folge von acht einzelnen Schritten besteht:

- Bedarfsnachweis,
- Projektidentifikation,
- Organisation der Projekte,
- Organisation der Diagnose,
- Diagnose (Wissensdurchbruch),
- Therapie,
- Widerstand gegen den Wandel,
- Erhalten des neu erreichten Niveaus.

3.1
Bedarfsnachweis

Zunächst muß bei den Mitarbeitern ein Bewußtsein für die Notwendigkeit von ständigen Qualitätsverbesserungen und Kostensenkungen geweckt und erhalten werden. Die hier gemeinten Verbesserungen sind nicht die Korrekturmaßnahmen, für sporadisch auftauchende Probleme. Hier sind die chronischen Situationen gemeint, welche manchmal gar nicht mehr als Chancen zur Verbesserung erkannt werden. Diese chronischen Situationen haben oftmals ein akzeptiertes Dasein und werden nicht selten als gegeben hingenommen. Man denke nur an die Qualitätskosten, welche in vielen Unternehmen undefiniert und in ihrer Höhe unbekannt sind, obwohl sie häufig durchaus in der Höhe des Unternehmensgewinnes liegen. Häufig betrachtet man diese chronischen Situationen auch als Bestandteil des Systems und hat sich mit ihnen arrangiert. Manchmal sind diese chronischen Situationen sogar gesetzlich verankert. Man denke nur an die Eingangsprüfung, welche in Deutschland gesetzlich vorgeschrieben ist. In den meisten Fällen prüft schon der Lieferant seine Ware vor dem Versand, es sei denn, er benutzt die statistische Prozeßkontrolle, um akzeptierte, festgelegte Qualität sicher zu produzieren. Trotz der erfolgten Prüfung der Qualität beim Lieferanten wird der Kunde eine Eingangsprüfung durchführen. Hierbei werden von Zeit zu Zeit tatsächlich Mängel festgestellt. Das System der Qualitätsprüfung beim Eingang beim Kunden hat sich also „bewährt". Hierdurch werden jedoch enorme Kosten verursacht. Der Trend geht hin zu komplizierteren Systemen und der Aufwand der Prüfung wird entsprechend höher. Hinzu kommt der Trugschluß, daß durch eine Stichprobenprüfung die Qualität gewährleistet werden kann. Dabei hat diese Stichprobenprüfung eigentlich nur dann wirklich Sinn, wenn die Ware aus einem Prozeß mit einem vorhersagbaren, konstanten Verhalten stammt. Dies ist ökonomisch jedoch nur durch die konsequente Anwendung der statistischen Prozeßkontrolle gewährleistet. Gerade Fehlerraten unter einem Prozent sind schwer und nur mit einem hohen Prüfaufwand festzustellen. Bei zerstörenden Prüfungen scheidet dieses Verfahren selbstredend völlig aus.

Erleichtert wird der Bedarfsnachweis, indem die chronischen Situationen in der Sprache der Unternehmensführung, nämlich in der Sprache des Geldes ausgedrückt werden. Mit Schätzungen gelangt man bei einem geringen Aufwand zu einer raschen Quantifizierung, die mit ihrer Genauigkeit für eine Entscheidungsfindung auf Seiten der Geschäftsleitung ausreicht. Es soll bewußt kein Qualitätskosten-Controlling installiert werden. Die hier gemeinten Betrachtungen sollen die Basis für die Managemententscheidung sein, ob es sich lohnt, Ressourcen zu investieren oder nicht.

Eine Reihe von Alarmsignalen deutet auf chronische Situationen in Form von vermeidbaren Qualitätskosten. Treten solche Alarmsignale auf, sollte überlegt werden, ob es sich lohnt, das System zu korrigieren.

Alarmsignale für vermeidbare Qualitätskosten

Vorprüfen:
Dieser Aspekt wurde bereits oben erwähnt, wobei auch der interne Kunde und der interne Lieferant gemeint sind. Häufig kommt es innerhalb von Zulieferbetrieben zu End- und Eingangsprüfungen. Hier stellt sich auch die Frage nach den Prüfverfahren, ob diese fähig und in der Aussage zuverlässig sind. Hier ist die statistische Prozeßkontrolle das Mittel der Wahl, um eine Auskunft und Lösung anzubieten (s. Kapitel 4.2.1.1 Prozesse im Labor, 4.6.1 Bedeutung der Meß- und Prüfverfahren und Kapitel 6 Beispiele und Ergebnisse).

Mischen:
Häufig werden in der chemischen Industrie Produkte gemischt. Hier ist nicht das Mischen von verschiedenen Materialien für eine bestimmte Rezeptur gemeint, sondern das Mischen verschiedener Chargen gleichen Materials zwecks Homogenisierung. Letzteres fällt unter die Kategorie der vermeidbaren Qualitätskosten. Man könnte auch die Frage stellen, was für Vorteile hätte das Unternehmen, wenn jede Charge für sich betrachtet den Anforderungen des Kunden entsprechen würde? Ergeben sich dabei Vorteile bezüglich Kapazität, Auslastung, Logistik, Handling, Prüfaufwand, Lagerhaltung, Vorräte und/oder Energiekosten?

Recycling:
Bei der Herstellung von Folien werden z.B. die seitlichen Ränder abgeschnitten und dem Prozeß wieder zugeführt. Es entsteht somit kein Abfall. Zählt dieses

Recycling zu den vermeidbaren Qualitätskosten? Was würde die Organisation sparen, wenn dieses Recycling um 80 Prozent reduziert würde?

Kundenbeschwerden:
Sind die eingegangenen Kundenbeschwerden berechtigt oder unberechtigt? Bereits die Eingruppierung in unberechtigte Beschwerden stellt ein Symptom dar, das bei häufigem Eintreten ein Signal darstellt. Wie viele Kundenbeschwerden gibt es pro Jahr? Sind es immer wieder neue Beschwerden oder wiederholen sich manche?

Retouren:
Sie stellen ebenfalls ein Alarmsignal dar. Auch wenn diese sofort bearbeitet werden, sind sie ein Symptom, das auf die Unzufriedenheit des Kunden, verbunden mit unnötigen Kosten, hindeutet.

Lagervorräte:
Auch sie gehören zu den Alarmsignalen. Selbstverständlich wird man die Vorratshaltung nicht vollständig umgehen können. Andererseits verursachen Vorräte nicht unerhebliche jährliche Zinsbelastungen (s. auch Kapitel 4.9 SPC und Lieferanten, Verknüpfung von Prozessen).

In all diesen Fällen ist die Frage zu stellen, ob das Unternehmen davon profitieren würde, wenn es diesen Zustand oder dieses Symptom nicht gäbe. Zur Fokussierung der Aktivitäten dient das europäische Qualitätsmodell aus Kapitel 1.6 (Abb. 3.1). Nicht nur die Betrachtung der einzelnen Kriterien, sondern

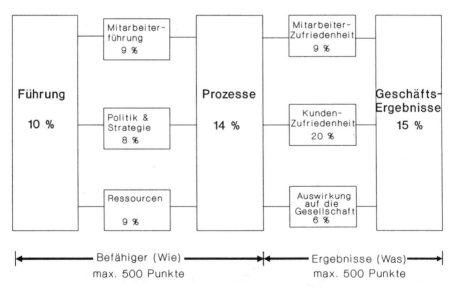

Abb. 3.1. Das TQM-Modell des europäischen Qualitätspreises und die Kriterien-Bewertung

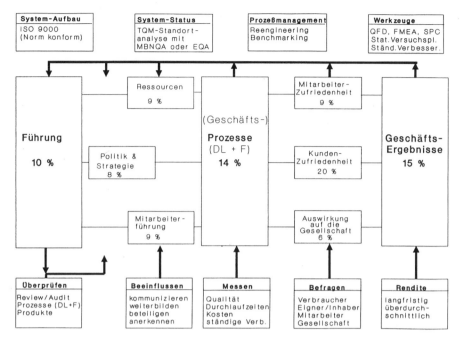

Abb. 3.2. Das EQA-Modell als Regelkreis

auch das Regelkonzept (Abb. 3.2) kann als Ausgangspunkt für den Bedarfsnachweis dienen. Ziel aller Aktivitäten ist, die Kundenzufriedenheit bei gleichzeitiger überdurchschnittlicher Rendite des eingesetzten Kapitals zu erhöhen.

3.2
Projektidentifikation

Da ein strenges Haushalten mit den Ressourcen die einzige Überlebensmög-
lichkeit für nahezu jedes Unternehmen ist, müssen Qualitätsverbesserungen
und Kostenreduzierungen erarbeitet werden. Bei der universellen Sequenz
werden Verantwortung und Mitarbeit an dieser Aufgabe Projekt für Projekt
auf viele Schultern verteilt. Hierbei muß sichergestellt sein, daß der Gesamtaufwand für die Projekte kleiner als die erarbeiteten Vorteile sind. Außerdem müssen diese Qualitätsverbesserungsprojekte im Einklang mit den übrigen Prioritäten der Organisationseinheit stehen. Eine Auswahlhilfe bietet die
Paretoanalyse, eine Technik, welche die „wenigen wesentlichen" von den „vielen brauchbaren" Dingen trennt. Dies soll am Beispiel der Kriterien-Bewertung des europäischen TQM-Modells (Abb. 3.3) erläutert werden. Im Paretodiagramm, einem Balkendiagramm, wird das Kriterium mit der höchsten Bedeutung links im x-y Diagramm eingetragen. Daneben das Kriterium mit der
zweithöchsten Bedeutung. Nachdem alle Kriterien eingetragen wurden, wird
zusätzlich die kumulative Linie eingetragen. Man erkennt in diesem Bild, be-

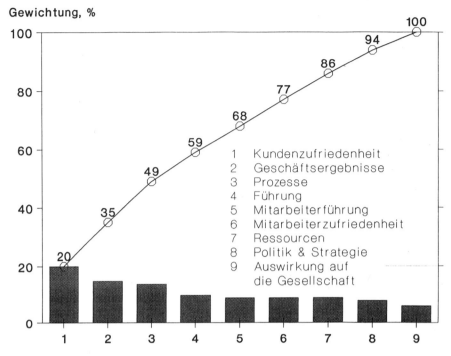

Abb. 3.3. Paretodiagramm der EQA-Kriterien-Bewertung

reits drei Kriterien ergeben fast die Hälfte der gesamten Gewichtung. Einzelheiten zum Pareto-Prinzip siehe [33].

3.2.1
Projektidentifikation auf der Basis Kundenzufriedenheit

Die Kundenzufriedenheit ist ein Stellwerk für die Qualitätsprojekte und somit Ausgangspunkt für die Aktivitäten. Welche Kunden sind gemeint und soll man alle Kunden berücksichtigen? Kunde ist definiert als Abnehmer unseres Produktes oder unserer Dienstleistung. Er kann als interner Kunde dem eigenen Unternehmen angehören aber auch externer Kunde sein. Die Paretoanalyse hilft bei der Auswahl. Hier wird man sicherlich bei den wenigen wichtigen Kunden beginnen. Eine systematische Erarbeitung der Kundenzufriedenheit, basierend auf Kundeninput stellt die Basis dar. Das Marketing wird hier sicherlich federführend tätig oder eine externe Beratungsgesellschaft gibt Unterstützung. Falls eine solche Basis geschaffen wird, sollte gleich ein zweiter Schritt hinzukommen: Bei der Ermittlung der Kundenzufriedenheit stellt sich häufig die Frage, wie unser Produkt oder unsere Dienstleistung im Vergleich zum Produkt oder Dienstleistung der Konkurrenz aussieht. Hier sei auf die Methode des Benchmarking (Kapitel 2.6) hingewiesen.

Eine Paretoanalyse wird die Schwerpunkte in Form der wenigen wichtigen Aspekte hervorheben. Die positiven Punkte werden gegebenenfalls verstärkt oder ausgebaut, die negativen Punkte sind Symptome und somit Kandidaten für Projekte zur Verbesserung. Wurde ein Assessment zum europäischen TQM-Modell durchgeführt, hat man bereits Information zum Thema Kundenzufriedenheit. Häufig verfügen die Kunden über eine gute Dokumentation der Eingangsprüfungen. Auch die eigene Dokumentation der Reklamationen bietet Hinweise auf chronische Situationen. Natürlich sollte im Falle einer Reklamation der Schaden behoben und der Kunde zufrieden gestellt werden. Auch wird daran gedacht, eine Wiederholung zu vermeiden indem die Ursache für die einzelnen Reklamationen erstellt, eine Korrektur erarbeitet und somit diese Reklamation in Zukunft auf Dauer verhindert wird.

3.2.2
Projektidentifikation auf der Basis mangelnder Geschäftsergebnisse

In den meisten Fällen verfügt ein Unternehmen über eine Produktpalette, wobei die Gewinne nicht gleichmäßig auf die Produkte verteilt sind. Eine Paretoanalyse stellt einmal die wenigen wichtigen gewinnträchtigen Produkte heraus und andererseits die Produkte mit den geringsten oder sogar negativen Geschäftsergebnissen. Aus der letztgenannten Kategorie ergeben sich eventuell Projekte zur Verbesserung, wobei hier auch das Reengineering zur Anwendung kommen könnte. Für einzelne Produkte sind dann die Kostentreiber zu identifizieren, welche durch eine weitere Paretoanalyse (der sogenannten zweiten Generation) der Herstellkosten erreicht wird.

3.2.3
Projektidentifikation auf der Basis der Geschäftsprozesse

Die Betrachtung der Geschäftsprozesse bezieht sich auf Fertigungs- und Dienstleistungsprozesse, wobei im folgenden lediglich „Prozesse" erwähnt werden. Ansatzpunkte für Projekte zur Verbesserung können sein:

- Qualitätskosten,
- Reklamationen,
- Durchlaufzeiten,
- Brainstorming,
- Kundenbefragung,
- Projektvorschläge von Mitarbeitern,
- Projektvorschläge von Gruppen, z. B. Qualitätszirkeln.

Qualitätskosten sind bereits im Abschnitt 3.1 beschrieben worden. Diese sind in den meisten Organisationen undefiniert und in der Höhe unbekannt. Seit langer Zeit schon sind Ermittlungsverfahren für Qualitätskosten bekannt. Leider werden entsprechende Methoden praktisch nicht angewendet. Hier scheint der Widerstand gegen den Wandel (Abschnitt 3.7) auf breiter Front gewirkt zu haben. Statt eine vorgefertigte Definition halbherzig zu akzeptieren, sollte sich die Führungsmannschaft dieser Frage widmen. Wir wollen untersuchen, ob

| | Kosten der Übereinstimmung | | Kosten der Abweichung | | Summe |
	Verhüten Vorbeugen	Prüfkosten	Interne Fehlerkosten	Externe Fehlerkosten	
Individuen	Q-Planung Training	Q-Lenkung Q-Sicherung	Ausfall Abfall	Preis- nachlässe	
Betrieb	Prozeß- regelung SPC	Eingangs- prüfung	Nacharbeiten Zusätzliche Prüfungen	Retouren (Materialk.) (Transportk.)	
Business Unit	Sammeln und Analysieren	Prüfgeräte u. Maschinen	Maschinen- ausfall- zeiten	(Prüfk.) Garantie- kosten	
Geschäfts- bereich	von Q-Daten	Unterhaltung der Geräte u. Maschinen	Ausbeute- verluste		
Stand- ort	Qualitäts- Sicherungs- nachweis	Prüfmaterial u. Zubehör Prüfräume			
Unter- nehmen		Personal- kosten			??????

Abb. 3.4. Qualitätskosten

sich eine Reduzierung dieser Kosten, verbunden mit Qualitätsverbesserungen für unsere Organisation lohnt. Der Anfang einer solchen Untersuchung könnte wie in Abb. 3.4 aussehen. In der ersten Spalte sind die Organisationsformen eingetragen, in der ersten Reihe die verschiedenen Arten der Qualitätskosten. Diese Matrix soll nur als Anleitung dienen und muß von jeder Organisation selbst definiert und erstellt werden. Diese Qualitätskosten können von Abteilung zu Abteilung sehr unterschiedlich sein und liegen in der Industrie im Durchschnitt bei ungefähr zehn Prozent, in Ausnahmefällen sind auch über zwanzig Prozent festgestellt worden. Eine Paretoanalyse, vielleicht in zwei oder sogar mehr Stufen kann Projekte identifizieren.

Reklamationen können ebenfalls eine Basis für Projektidentifikationen darstellen, wenn sie nicht schon unter dem monetären Aspekt bei den Qualitätskosten berücksichtigt wurden. Eine Paretoanalyse der Reklamationen nach Häufigkeit und/oder Kosten kann zur Identifikation von Projekten führen. Die Marketingabteilung oder auch die Qualitätssicherung kann hier Information zur Verfügung stellen. Ein Beispiel aus der Textilindustrie bietet Kapitel 6.3.

Durchlaufzeiten sind ebenfalls ein Ausgangspunkt zur Projektidentifikation. Wie groß ist die Zeitspanne zwischen Eingang der Rohstoffe bis zum Ausgang der Fertigware. Die Durchlaufzeiten sind nicht nur interessant für Fertigungsprozesse, sondern ebenfalls für Dienstleistungsprozesse. So kann man den Marketingprozeß in Teilprozesse gliedern und diese einzeln betrachten. Die Terminermittlung der Arbeitsvorbereitung ist z.B. ein solcher Teilschritt, die Terminabweichung in der Kunststoffwerkstatt der fertigen Arbeitsaufträge beschreibt den Geschäftsprozeß (Beispiele s. Kap. 6). In diesen Fällen ist häufig eine Kombination der Methoden angebracht. Neben der universellen Sequenz bietet sich hier besonders die statistische Prozeßkontrolle an, um festzustellen, ob der Prozeß Chancen zur Verbesserung bietet, oder ob der Prozeß prinzipiell nicht fähig ist. Ein Beispiel hierfür ist die Untersuchung zu Durchlaufzeiten der Komponenten im Kapitel 6.5.4.

Das Brainstorming bietet sich ebenfalls als Methode zur Projektidentifikation an: Welche chronische Situationen bei unserem Geschäftsprozeß verursachen zusätzliche, vermeidbare Kosten und/oder Prozeßschritte. Eine anschließende Paretoanalyse nach der Gewichtung oder dem Einsparungspotential kann zur Projektidentifikation führen. Eine Matrixbewertung unter verschiedenen Gesichtspunkten bietet sich ebenfalls an.

Die gezielte Kundenbefragung dient ebenfalls der Projektidentifikation. Sie ist bereits oben bei der Kundenzufriedenheit ausführlich erwähnt.

Projektvorschläge von Mitarbeitern, auch wenn die Lösung noch nicht erkennbar ist, sind wertvolle Hinweise für Projekte zur Verbesserung der Qualität und Reduzierung der Kosten. Nicht nur Vorschläge von einzelnen Mitarbeitern, sondern ebenso Vorschläge von Kleingruppen, wie z. B. Qualitätszirkeln, sind erwünscht. Es wird neben dem TOP-DOWN auch der BOTTOM-UP Ideenfluß angestrebt.

3.3
Organisation der Projekte

Im Unternehmen gibt es neben der Qualitätsarbeit eine Vielzahl anderer Aktivitäten. Die Investitionen sind an einen Zeitplan gebunden, die Gesetzgebung verpflichtet, bestimmte Termine einzuhalten, ein neues Produkt wird am Markt eingeführt und die Kunden erwarten die Zertifizierung des Qualitätsmanagementsystems nach ISO 9001. Diese und andere Aspekte konkurrieren untereinander um Ressourcen und Prioritäten. Es empfiehlt sich daher, die TQM-Arbeit, an der höchsten Stelle der Organisation mit der entsprechenden Priorität einzuordnen. Die sich daraus ableitenden TQM-Aktivitäten, wie Zielsetzung, Festlegen der Vorgehensweise beim Benennen der Projekte zur Qualitätsverbesserung, Schulung der Methoden sowie Untersuchungen durch die Teams, erhalten somit einen Rahmenplan und sind damit eingebettet in eine Gesamtstrategie. Das TQM-Konzept wird, wie im Kapitel 1 beschrieben, von der Unternehmensleitung erarbeitet, legitimiert, begleitet und dessen Umsetzung auf den Erfolg hin überprüft. Die universelle Sequenz hat die organisatorische Anforderung an die Leitung, nämlich dem TQM-Prozeß, praktisch vorweggenommen. Dieses Gremium, das identisch ist mit der Führung der Unternehmenseinheit, wird als *TQM-Lenkungsausschuß* bezeichnet (Abb. 3.5). Dessen Mitglieder sind verantwortlich für die Umsetzung des Konzepts in ihrem Zuständigkeitsbereich. Die in diesem Gremium vertretenen Funktionen sind häufig: Produktion, Marketing, Technik sowie Forschung und Entwicklung. Es soll hier nicht der Eindruck erweckt werden, als würde eine TQM-Schattenorganisation aufgebaut. In der Anfangs- oder Implementierungsphase wird sicherlich mehr Zeit benötigt, als in Routinesitzungen vor-

- Festlegung des Qualitätskonzeptes
  einschließlich der Zielvorstellung

- Festlegung der globalen Prioritäten

- Umsetzung des Qualitätskonzeptes
  in den zuständigen Abteilungen

- Unterstützung der Qualitätsteams

- Bereitstellung der Ressourcen

- Überprüfung des Qualitätskonzeptes

- Anerkennung und Kommunikation

Abb. 3.5. Aufgaben des TQM-Lenkungsausschusses

- Identifiziert Chancen zur Verbesserung

- Setzt Prioritäten und Schwerpunkte

- Nominiert Projekte zur Verbesserung

- Stellt Ressourcen zur Verfügung

- Bestimmt den zeitlichen Rahmen

- Ernennt Projektteams,
  (Mitglieder, Leiter, Moderator)

- Begleitet die Projektteamaktivitäten,
  durch: Beobachten, Unterstützen,
  Korrigieren

- Entscheidet über die Realisierung der
  vom Projektteam vorgeschlagenen
  Korrekturmaßnahmen (Therapie)

- Sorgt für die Umsetzung der Therapie

- Stellt sicher, daß der Erfolg von Dauer ist

- Prüft die Übertragbarkeit auf andere
  Probleme oder Unternehmenseinheiten

- Sorgt für Anerkennung und Kommunikation

- Löst das Projektteam nach Abschluß
  der Diagnose auf

Abb. 3.6. Aufgaben des Qualitätsteams

handen ist. Nach einer Einführungsphase ist der Zeitaufwand wesentlich geringer und das Thema TQM wird hinreichend auf der Routinesitzung des Gremiums behandelt.

Die eigentliche Umsetzung erfolgt direkt in Organisationseinheiten, welche bereits existieren, z. B. als Produktionsbetrieb, Marketingeinheit oder Prüflabor. Hier bilden Mitarbeiter *Qualitätsteams*, deren Aufgaben in Abb. 3.6 aufgelistet sind. Unter dem heutigen TQM-Aspekt wird man sicherlich die Umsetzung im Kategorieteam, wie im Kapitel 1.11.2 beschrieben, vorziehen.

3.4
Organisation der Diagnose

Die Qualitätsarbeit in der Industrie fängt nicht mit TQM an, sondern wurde bereits seit vielen Jahren in der einen oder anderen Form mit verschiedenen Methoden praktiziert. Die chronischen Situationen, welche trotzdem noch anzutreffen sind, findet man häufig an den Schnittstellen, bei funktionsübergreifenden Abläufen. Hier ist es zur Ursachenfindung hilfreich, ein Projektteam einzusetzen, mit der Aufgabe, den Weg vom Symptom zur Ursache zu beschreiten, und dem Ziel, den Wissensdurchbruch zu erreichen. Für diese Aufgabe eignen sich die Spezialisten, welche mit dem Prozeß vertraut sind, über entsprechende Kenntnisse verfügen, evtl. diagnostische Fähigkeiten besitzen und über die notwendige Zeit verfügen. Dieses temporäre Team wird auch Projektteam genannt. Eine Definition ist in der Abb. 3.7 wiedergegeben. Dieses Team besteht aus Mitarbeitern, welche über Fähigkeiten verfügen, um sinnvolle Beiträge zur Diagnose beizusteuern. Häufig stammen die Teammitglieder aus verschiedenen Abteilungen und bekleiden verschiedene Funktionen der Unternehmenseinheit. Eine TQM-Organisation, wie sie bei der Implementierung aussehen könnte, zeigt Abb. 3.8.

- Erhält die Verantwortung zur Erarbeitung der Diagnose und der Therapie für ein vorgegebenes Projekt

- Führt die Diagnose vom Symptom zur Ursache durch und erreicht den Wissensdurchbruch

- Erarbeitet selbständig Vorschläge/Alternativen (mit Vor- bzw. Nachteilen, Nutzen, Chancen, Aufwand, Risiken) für Verbesserungen

- Kann für Sonderaufgaben zusätzliche Fachkräfte und Spezialisten in Anspruch nehmen

- Erhält die für die Bearbeitung des Projektes erforderlichen Informationen und Mittel

---

Abb. 3.7. Aufgaben des Projektteams

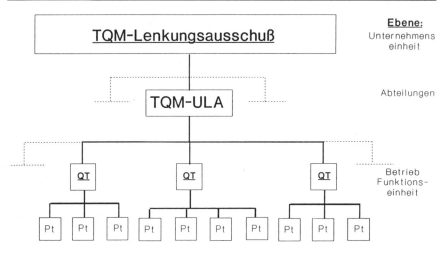

TQM-ULA: TQM-Unterlenkungs-   Pt: Projektteam (temporär)
        ausschuß (permanent)   (vorwiegend
QT: Qualitätsteam (permanent)   funktionsübergreifend)

Abb. 3.8. Mögliches Aussehen einer TQM-Organisation zum Zeitpunkt der Implementierung

3.5
Diagnose (Wissensdurchbruch)

Die chronischen Situationen berühren häufig mehrere Funktionen und sind
vom herkömmlichen System bisher nicht gelöst worden, da sie sonst nicht als
chronische Situation existieren würden. In diesen Fällen lohnt sich häufig die
systematische Vorgehensweise der zwei Aktivitäten. Zunächst wird von einem
Team aus Spezialisten, dem Projektteam, welches den Auftrag erhält, die wirklichen Ursachen für das Symptom zu erarbeiten die Diagnose durchgeführt.
Basierend auf diesem Wissensdurchbruch wird erst dann die Korrektur erarbeitet. Nach der Korrektur wird das System darauf hin kontrolliert, ob die Korrektur ausreichend war, oder ob das Symptom nur zu einem Teil verbessert
wurde. Für ein Symptom können durchaus mehrere Ursachen verantwortlich
sein, die aber nicht gleich zu Anfang erkannt werden. Dies würde in der Phase
„den neuen Zustand erhalten" sichtbar. In manchen Fällen muß diese Sequenz
mehrmals angewandt werden, bis alle signifikanten Ursachen erkannt sind.
Die Überprüfungsphase ist zudem zur Daten- bzw. Informationsermittlung
für den Vergleich „Vorher" und „Nachher" wichtig. Die Vorgehensweise von
Diagnose und Therapie ist in Abb. 3.9 wiedergegeben.
    Erleichtert wird die Arbeit des Projektteams, wenn ein Mitglied des Qua-
litätsteams, der Projektbegleiter, die Projektteammitglieder zur ersten Sit-
zung, dem „Kick-Off", einlädt und über das Projekt insgesamt, die Aufgaben
und die Zielsetzung informiert. Gleichzeitig wird eine Projektbeschreibung
ausgehändigt, welche vom Qualitätsteam legitimiert worden ist.

Abb. 3.9.
Die zwei Aktivitäten: Diagnose und Therapie

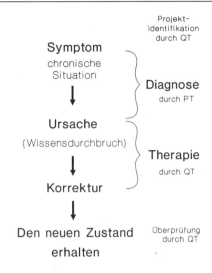

Eine Projektbeschreibung zeigt Abb. 3.10 und ein praktisches Beispiel dazu bietet Kapitel 6.

Die Diagnose selbst, der Weg von Symptom zur Ursache, erfolgt entweder durch die Analyse der Symptome oder durch das Formulieren und Testen von Theorien. Als Ergebnis wird der Wissensdurchbruch erwartet. Die Vorgehensweise ist in der Abb. 3.11 wiedergegeben. Der einfachere, schnellere Weg geht über die Analyse der Symptome.

Eine qualitative und quantitative Analyse der Symptome, eventuell mit Hilfe der Paretoanalyse, bringt häufig die gewünschte Erkenntnis. Liegen keine brauchbaren Fakten zur Analyse vor, ist es angebracht, diese am laufenden Prozeß zu sammeln. In manchen Fällen ist eine Autopsie angebracht, um zur gewünschten Einsicht zu gelangen. Das Projektteam wird zuerst versuchen, diesen einfacheren Weg zu beschreiten.

Ist die Diagnose über die Analyse der Symptome nicht möglich, so wird der Weg über die Theorien eingeschlagen. Wie in Abb. 3.11 dargestellt, werden zuerst mittels Brainstorming und eventuell unter Verwendung des Ishikawa-Diagrammes möglichst viele Theorien zusammengestellt. In diesem Schritt steht die Quantität im Vordergrund. Bei dieser Tätigkeit sollten möglichst die Mitarbeiter beteiligt werden, welche mit dem Prozeß vertraut sind und sich mit den Einzelheiten des Prozesses auskennen. Es sollte nicht die hierarchische Position für die Auswahl dieser Mitarbeiter in dem Vordergrund stehen. Nachdem alle möglichen Ursachen notiert sind, kann durch die Methoden Mehrfachwahl, Matrixbewertung, Einfachwahl oder einer Kombination dieser Methoden eine Rangfolge festgelegt werden.

Das Überprüfen oder Testen der Theorien soll die Antwort geben, ob die Behauptung die wahre Ursache ist, oder ob diese Vermutung aufgrund der Fakten widerlegt wurde. Das Projektteam versucht, eine Korrelation zwischen vermuteter Ursache und Symptom zu erstellen, wobei es auf vorhandene Da-

Abb. 3.10.
Beispiel für eine Projektbeschreibung

1. Projekttitel:
2. Symptom(e):
3. Zielvorstellung:
4. Erhoffte Vorteile:
5. Projektbegleiter:
6. Teamleiter(in):
7. Teammitglieder:
8. Ideen zum Vorgehen:
9. Zeitlicher Ablauf:
   Teamgründung:
   Durchführung der Diagnose bis:
   Durchführung der Therapie bis:
   Den neuen Zustand überprüfen bis:
   Ende des Projektes:
10. Nominiert von: am:
11. Legitimiert von: am:

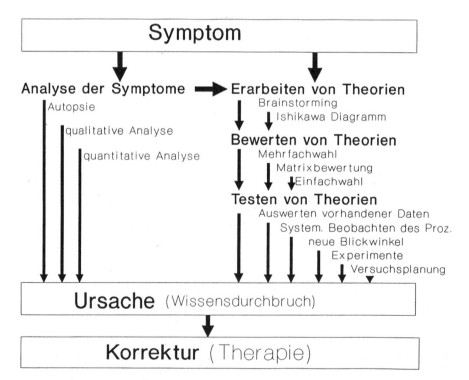

Abb. 3.11. Diagnose – Korrektur

ten zurückgreift. Sind keine Daten zum Testen von Theorien vorhanden, müssen diese durch systematisches Beobachten des laufenden Prozesses erarbeitet werden. Hilfreich sind dann eventuell neue Blickwinkel. Es kommen auch andere Werkzeuge zum Einsatz wie z. B. Versuchsreihen mit Hilfe statistischer Methoden oder genauere Untersuchungen und gezielte Veränderungen am laufenden Prozeß.

Beim Überprüfen der vermuteten Ursachen kann trotz des großen Angebots an Methoden grundsätzlich nichts falsch gemacht werden. Wenn eine für das Projekt ungünstige Methode gewählt wird, so bedeutet dies allenfalls einen Umweg, der bei den Untersuchungen bald erkannt wird. Dann wird eine andere Untersuchungsmethode eingesetzt.

Am Ende der Überprüfung der vermuteten Ursachen steht entweder, daß die wahre Ursache ermittelt wurde oder daß die vermutete Ursache nicht die wahre Ursache war. Im letzteren Falle müssen dann weitere mögliche Ursachen (Theorien) getestet werden. Auf diese Weise werden die wahren Ursachen nachgewiesen. Der ideale Beweis für die Richtigkeit der Vermutung ist, wenn die Symptome durch die wahre Ursache an- und abgeschaltet werden können.

3.6
Therapie

Der Wissensdurchbruch bildet die Basis für die erste Korrektur. Der Aufwand für die Korrekturmaßnahme sollte zur erwarteten Einsparung in Relation gesetzt werden, um zu vermeiden, daß die Kosten höher sind als die Einsparungen. Ferner werden Therapien bevorzugt, die nicht umkehrbar sind. Es wird eine narrensichere Korrektur angestrebt. Umkehrbare Therapien erfordern meist eine regelmäßige Überprüfung, damit sie sich nicht nach einiger Zeit zurückbilden.

Bei der Auswahl der Therapien sollte man versuchen, die Gesamtkosten für das Unternehmen und den Kunden zu reduzieren, nicht die Kosten einer Abteilung. Ferner ist bei der Therapieplanung daran zu denken, daß von den möglichen Lösungen manche preiswerter sein können, andere schneller wirksam werden und wieder andere toleranter gegen den Irrtum des Menschen sind. Außerdem sollte der systematische Ansatz überprüft werden, um eine Wiederholung in Zukunft mit Sicherheit auszuschließen und um bisher unerkannte, weitere Schwachpunkte zu erkennen. Daher sollten bei dieser Überprüfung alle Funktionen einer Unternehmenseinheit wie Forschung und Entwicklung, Beschaffung, Produktion, Qualitätssicherung, Marketing, Controlling, Rechnungswesen, Technik und Personalwesen einbezogen werden.

Die Therapievorschläge werden vom Projektteam erarbeitet und vorgeschlagen. Die Mitglieder des Qualitätsteams werden diese Vorschläge überprüfen und gemeinsam die für das Unternehmen günstigsten beschließen. Hiermit sind die Aktivitäten des Projektteams zunächst beendet, das Team wird nach entsprechender Anerkennung aufgelöst. Damit ist aber das Projekt noch nicht abgeschlossen.

Das Qualitätsteam wird die Umsetzung der Therapie verfolgen und anschließend überprüfen, ob das Symptom mit dieser Therapie hinreichend korrigiert wurde. Es findet ein Vergleich der Symptome vor und nach der Korrektur statt. Hierbei können verschiedene Ergebnisse festgestellt werden: (a) Das Symptom ist völlig verschwunden, d. h. das System ist zufriedenstellend korrigiert. Ein Vergleich vorher und nachher ergibt qualitative und quantitative Auskunft über die erreichte Verbesserung. Das Ergebnis wird publiziert. (b) Das Symptom wurde verbessert, der neue Zustand ist noch nicht befriedigend. In diesem Falle existieren wahrscheinlich noch weitere Ursachen und das Projektteam muß nochmals den Weg vom Symptom zur Ursache beschreiten. (c) Das Symptom hat sich nicht geändert, die wirkliche Ursache wurde nicht erkannt oder die Therapie hatte keinen Einfluß auf das Symptom. Auch in diesem Falle muß nochmals die Sequenz angewandt werden. Dieses systematische Vorgehen hilft besonders chronische Situationen zu verbessern, wobei die Fakten über die Vorgehensweise entscheiden und somit persönliche Meinungen und Vorstellungen überprüft und eventuell korrigiert werden. Zu den systematischen Therapien gehört ebenfalls die Festlegung der Verantwortlichkeit für Entscheidungen und Maßnahmen, wobei hier die Norm ISO 9001 (Kapitel 1.11.1) hilfreich ist.

3.7
Widerstand gegen den Wandel

Jeder Wandel (Änderung einer bestehenden Situation) besteht aus zwei Veränderungen: einer technologischen Veränderung und der sozialen Konsequenz. Die soziale Konsequenz verursacht den Widerstand gegen den Wandel. Auch Organisationen in der Industrie sind menschliche Gemeinschaften und entwickeln als solche kulturelle Strukturen, die durch Lernen weitergegeben werden. Die Wirkung des technologischen Wandels auf die kulturelle Struktur schafft die soziale Konsequenz. Die Gründe für den Widerstand gegenüber dem Wandel stellen eine Mischung aus vorgegebenen Gründen und nicht genannten wirklichen Gründen dar.

Folgende Hinweise können zur Überwindung des Widerstandes gegen den Wandel hilfreich sein:

- Die Verfechter des Wandels sollten sich der Existenz der kulturellen Struktur bewußt sein,
- die Verfechter des Wandels sollten die Auswirkungen der vorgeschlagenen Veränderungen auf die Elemente der kulturellen Struktur ermessen,
- alle von der Veränderung betroffenen Mitarbeiter sollten frühzeitig informiert und beteiligt werden,
- die Mitarbeiter sollen Zeit bekommen, um sich auf die neue Situation einzustellen,
- es sollte auch mit der anerkannten informellen Führung zusammengearbeitet werden,
- Veränderungen sollten verständlich und auf das Wesentliche konzentriert dargestellt werden,

- Mitarbeiter sollten ehrlich und mit Respekt behandelt werden,
- die Vorgesetzten sollten sich in die Lage der Betroffenen versetzen,
- es sollten offene sowie verdeckte Widerstände angesprochen und geklärt werden.

3.8
Erhalten des neu erreichten Niveaus

Dieser Schritt der universellen Sequenz soll sicherstellen, daß das Ergebnis der Verbesserungen nachgewiesen wird und auf Dauer erhalten bleibt. Dies geschieht durch die Gegenüberstellung der Fakten vor und nach der Bearbeitung. Besonders bei umkehrbaren Therapiemaßnahmen ist eine systematische andauernde Überprüfung erforderlich, um den Therapieerfolg zu sichern. Es können auch Alterungsprozesse auf das System einwirken und so den Erfolg rückgängig machen. Daher sind sichernde Maßnahmen erforderlich. Das Qualitätsteam entscheidet über die durchzuführenden Maßnahmen, den Aufwand und die Dauer. Eine Methode der Sicherstellung ist die regelmäßige Überprüfung oder das Audit. Hilfreich ist ferner die statistische Prozeßkontrolle (Kapitel 4) zur Fehlervermeidung, sie ist nämlich ein empfindlicher Anzeiger für Prozeßänderungen.

Nach Juran handelt es sich bei der Methode der universellen Sequenz, wie leicht nachvollziehbar ist, um ein Herzstück des modernen TQM, das sich ohne Widersprüche integrieren läßt.

4 Statistische Prozeßkontrolle

4.1
Prozeßdefinition

Ein Prozeß (s. Kapitel 1.5, Geschäftsprozesse) ist eine Anzahl gezielter, sich wiederholender Vorgänge, deren Zusammenwirken zu einem angestrebten Resultat führen soll. Beteiligt an einem Prozeß ist in erster Linie der Mensch als Planender oder Ausführender, der den Prozeß vorgibt, steuert oder beeinflußt. Er bedient sich dabei einer Methode, setzt Material ein und verwendet zur Ausführung Maschinen. Der Vorgang kann intermittierend, d.h. diskontinuierlich erfolgen oder auch stetig, d.h. kontinuierlich ablaufen. Das Resultat kann ein Produkt oder eine Dienstleistung sein. So ist z.B. die Postzustellung ebenso ein diskontinuierlicher Dienstleistungsprozeß wie die Planung einer Raffinerie in einem Konstruktionsbüro, das Ausstrahlen von Fernsehprogrammen hingegen ebenso ein kontinuierlicher Dienstleistungsprozeß wie das Übermitteln von Daten über eine Telefonstandleitung. In der Möbelwerkstatt findet ein diskontinuierlicher Fertigungsprozeß statt, während in der Raffinerie zahlreiche kontinuierliche Fertigungsprozesse ablaufen. Neben der Einteilung der Prozesse in die vier Kategorien, Mensch, Material, Methode und Maschine ist der zeitliche Ablauf eines Prozesses ein wichtiges Merkmal, da es oft von entscheidender Bedeutung ist, wie sich ein Prozeß im zeitlichen Ablauf verhält. Bleibt dieser Prozeß konstant oder ändert er sich? Falls der Prozeß sich ändert, ist diese Änderung positiv oder negativ? Wird die Änderung sofort erkannt oder geschieht sie allmählich schleichend? Kann diese Änderung akzeptiert werden oder muß man einschreiten? Schwankungen von Merkmalen eines Prozesses, chronische und sporadische, hat Shewhart [35] als Variabilität bezeichnet. Alle Prozesse, ob diskontinuierlich oder kontinuierlich, ob Dienstleistungs- oder Fertigungsprozeß, sie alle weisen Variabilität auf. Sie kann sehr groß sein, wie z.B. im privaten Bereich die Zeit zum Ankleiden vor dem Opernbesuch: Im Januar wurden lediglich drei Kleider probiert, im Februar waren es sieben und im März wurde gleich das neu gekaufte Kleid anbehalten. Die Variabilität eines Prozesses kann aber auch so klein sein, daß es Schwierigkeiten bereitet, diese zu messen. So ist die Variabilität der Atomuhr, welche mittels Radiosignale von Braunschweig gesteuert wird, einige Sekunden in Millionen von Jahren. Diese grundlegenden Gedanken treffen sicherlich auf Dienstleistungs- und Fertigungsprozesse zu. Man könnte die Frage stellen: wie sieht die Variabilität eines Dienstleistungsprozesses über die Zeit aus oder: wie zuverlässig ist dieser Dienstleistungsprozeß oder: kann aufgrund von bisherigen Beobachtungen angenommen werden, daß das zukünftige Ergebnis zuverlässig ist, d.h. den Erwartungen oder Voraussetzungen entspricht?

Der Kunde hat ein großes Interesse, die einmal festgelegten Merkmalswerte nicht nur heute, sondern in Zukunft immer zu erhalten und zwar mit möglichst kleinen Abweichungen, falls diese überhaupt geduldet werden. Dieses Ziel kann nur dann verwirklicht werden, wenn der Prozeß diese Qualität gleich zu Beginn liefert und keine Korrekturen mehr erforderlich sind. Daher ist ein Prozeß erforderlich, der „fähig" und darüber hinaus über die Zeit konstant ist.

Den Kunden interessiert z.B. sicherlich wenig, ob der Stoff für die Anzugjacke und die Hose mit Farbstoff aus unterschiedlichen Chargen gefärbt wurde. Vielleicht möchte der Verbraucher nach einem halben Jahr eine Hose nachkaufen. Natürlich sollte der Farbton der Hose dem Farbton der Jacke genau entsprechen, auch wenn zwischen der Herstellung mehrere Monate liegen.

Ähnlich verhält es sich mit anderen Konsumgütern. Die im Urlaub in der Karibik gekaufte Zoomlinse soll natürlich zu der Kamera passen, welche vor zwei Jahren in New York gekauft wurde. Da spielt die unterschiedliche Produktionsmaschine oder auch der andere Herstellungsort für den Kunden keine Rolle.

Der Eigner des Prozesses ist ebenfalls an diesem Ziel interessiert: Falls im Prozeß eine Änderung mit negativem Einfluß auf das Ergebnis des Prozesses erkennbar wird, möchte er die Ursache für die Prozeßänderung erkennen, um eine Korrektur am Prozeß derart vorzunehmen, daß diese Ursache in Zukunft nie mehr auftaucht. Hat dagegen die Prozeßänderung einen positiven Einfluß ausgeübt, so möchte er ebenfalls die Ursache erkennen, damit man diese fest im Prozeß verankert und somit eine Prozeßverbesserung herbeiführt. Es sei an dieser Stelle erwähnt, daß diese Eingriffe in den Prozeß selbstverständlich in Abstimmung mit den jeweiligen Prozeßverantwortlichen erfolgen müssen. Speziell bei Produktionsprozessen können die erwähnten Änderungen einen Einfluß auf die Sicherheit der Anlage, auf die Arbeitssicherheit oder auf den Umweltschutz ausüben und müssen daher vor einer Umstellung genau untersucht werden.

Weitere Einzelheiten über die Variabilität und über die statistische Prozeßkontrolle (SPC) bietet Abschnitt 4.3.

4.2
Dienstleistungs- und Fertigungsprozesse

4.2.1
Dienstleistungsprozesse

Im Alltag gibt es viele Dienstleistungsprozesse: Das Kassieren im Selbstbedienungsladen, der Haarschnitt beim Frisör, die Postzustellung und die Geldüberweisung. Prozesse aus folgenden Gebieten sollen kurz erläutert werden:

- Labor,
- Marketing,
- Anwendungstechnik,
- Reparaturwerkstatt.

4.2.1.1
Prozesse im Labor

Vereinfacht könnte man das Labor als einen Ort ansehen, wo Dienstleistungsprozesse ablaufen: Die Erfüllung eines Auftrages oder das Durchführen einer
Analyse. Der Kunde oder Auftraggeber interessiert sich natürlich für die Qualität der Dienstleistung, aber fragt sich ebenso, wie groß das Vertrauen ist, das
er dem Ergebnis entgegenbringen kann bzw. darf. Natürlich gibt es vertrauen-
bildende Maßnahmen (s. Abschnitt 4.3). Der oben erwähnte Labor-Gesamt-
prozeß muß für eine nutzbringende Untersuchung in einzelne Teilprozesse
aufgegliedert werden.

Teilprozesse im Labor

Die Herstellung von Reagenzien nach bestimmten Vorschriften mit beabsichtigten Reinheitsforderungen sowie Konzentrationen ist ein diskontinuierlicher Fertigungsprozeß. Auch die Probenvorbereitung fällt in diese Kategorie
sowie das Vorlegen von Normallösungen. Dagegen ist die Herstellung des Trä-
gergases für Gaschromatographen ein kontinuierlicher Fertigungsprozeß. Die
Titration mit der anschließenden Auswertung hingegen ist ein diskontinuierlicher Dienstleistungsprozeß. Zahlreiche physikalische on-line Messungen,
wie z. B. die pH-Messung mit einer vor Ort eingebauten und vom Labor ge-
warteten Elektrode, sind kontinuierliche Dienstleistungsprozesse (s. Tabelle
4.1). Das Veraschen im Muffelofen, das Trocknen im Trockenschrank, das Zen-

Tabelle 4.1. Beispiele für Teilprozesse im Labor und deren Qualitätsmerkmale

Prozeß	Qualitätscharakteristikum (Merkmalswerte)
Diskontinuierlicher Fertigungsprozeß	
Herstellung von Normallösungen	Konzentration mol/Liter
Pipettieren mit einer Vollpipette	Vorgelegte Menge der Normallösung
Pipettieren mit verschiedenen Voll-pipetten und verschiedenen Mitarbeitern	Vorgelegte Menge der Normallösung
Kontinuierlicher Fertigungsprozeß	
Trägergasherstellung für GC	Zusammensetzung des Trägergases in Prozent oder Promille
Diskontinuierlicher Dienstleistungsprozeß	
Titration der vorbereiteten Probe einschließlich Ergebnisberechnung	Prozentgehalt
Kontinuierlicher Dienstleistungsprozeß	
Vor Ort eingebaute pH-Wert Messung	pH-Wert
Vor Ort eingebaute TOC-Messung	TOC-Gehalt

trifugieren, das Filtrieren, der Probenaufschluß, die spektralphotometrische Messung könnte man in die vier oben dargelegten Kategorien einfügen.

Gesamtprozesse im Labor

Der Kunde interessiert sich häufig weniger für die Teilprozesse als vielmehr für den Gesamtprozeß. Dieser Gesamtprozeß (Abb. 4.1), den wir als Analysenprozeß bezeichnen wollen, setzt sich dann aus verschiedenen Teilprozessen zusammen. Um die Variabilität des Analysenprozesses zu ermitteln, könnte man

- Doppel- oder Dreifachbestimmungen durchführen,
- einen Standard parallel mitbestimmen oder
- die zu bestimmende Probe mit der zu bestimmenden Substanz aufstocken.

Die Beobachtung der Variabilität des Prozesses über einen längeren Zeitraum läßt auf das zukünftige Verhalten des Prozesses schließen. Der Kunde könnte hieraus erkennen, wie zuverlässig das Analysenergebnis sein wird.

Der Analysenprozeß könnte z. B. aus den folgenden Teilprozessen bestehen:

- Auftragseingang einschließlich Probe und Registrierung,
- Entscheidung der anzuwendenden Analysenmethode,
- Probenvorbereitung,
- Maschinenvorbereitung,
- Durchführung der Analyse,
- Ergebnisermittlung,
- Dokumentation,
- Mitteilung an Auftraggeber,
- Abrechnung,
- Gutschrift,
- Kundendienst, falls erforderlich,
- Ende des Auftrages.

Für diesen Analysenprozeß könnte man, ebenso wie bei den Teilprozessen, Qualitätscharakteristiken festlegen und zwar (a) Durchlaufzeit in Stunden

Abb. 4.1. Analysenmethode als Gesamtprozeß

und (b) die Zuverlässigkeit des Analysenergebnisses. Ebenso wie sich die Gesamtdurchlaufzeit in Stunden aus den Durchlaufzeiten der Teilprozesse zusammensetzt, ergibt sich die Zuverlässigkeit der Analysenmethode aus den Zuverlässigkeiten der Teilprozesse.

Beispiele für Gesamtprozesse im Labor:

- Gehaltsbestimmung eines Wirkstoffes,
- Chemischer Sauerstoffbedarf im Abwasser (CSB),
- Zinkgehalt im Oberflächenwasser,
- Goldschichtdickenmessung für vergoldete Elektronikbauteile,
- im medizinischen Bereich: Glukosebestimmung im Labor.

4.2.1.2
Prozesse im Marketing und Vertrieb

Im Marketing gibt es mehrere Dienstleistungsprozesse z. B. Kundendienst, Kundenbefragung, Reklamationsbearbeitung. Ein wichtiger Prozeß ist die Bearbeitung eines Kundenauftrages. Ein Qualitätskriterium für diesen Prozeß ist sicherlich die Bearbeitungszeit zwischen Eingang des Auftrages, d. h. der Bestellung, und dem Eingang der Ware beim Kunden. Falls der Kunde nicht den schnellstmöglichen, sondern einen konkreten zukünftigen Termin gewünscht hat, könnte man als Qualitätskriterium auch die Terminabweichung in Wochen, Tagen oder Stunden betrachten. Diesen Gesamtprozeß kann man natürlich auch in Teilprozesse zerlegen. Als Teilprozeß könnte man auch die Zeit zwischen Auftragseingang und Bereitstellung der Ware betrachten. Der verbleibende Rest des Gesamtprozesses interessiert vielleicht ebenfalls, beispielsweise die Zeit zwischen Bereitstellung und Eingang beim Kunden. Häufig muß man sich aber mit der Frage auseinandersetzen, ob der existierende Prozeß prinzipiell in der Lage ist, die Kundenanforderung zu erfüllen (s. Abschnitt 4.3).

4.2.1.3
Prozesse in der Anwendungstechnik

In der chemischen Industrie werden Produkte hergestellt, deren Qualität sich nicht direkt beurteilen läßt. Die Eignung dieser Produkte muß im kleinen Maßstab zuerst in der eigentlichen Anwendung getestet werden.

Zu diesen Produkten zählen u. a. die Pigmente und Farbstoffe. Ein Pigment ist die farbgebende Komponente in einem Lack und verleiht z. B. dem Personenkraftwagen die entsprechende Farbe. Ein Farbstoff z. B. reagiert mit einer Faser und gibt dadurch dem Kleidungsstück die brillante Farbe. Die Prüfung erfolgt bei diesen Produkten an Hand einer Probe. Der gesamte Ansatz der diskontinuierlichen Produktion wird durch diese Probe repräsentiert.

Der Prüfprozeß eines Pigmentes (Abb. 4.2) besteht aus der Herstellung des Lackes, der Auftragung des Lackes auf ein Medium und der Messung des getrockneten Lackes. Die Beurteilung kann nach verschiedenen Kriterien erfolgen: Farbton, Farbintensität, Haltbarkeit.

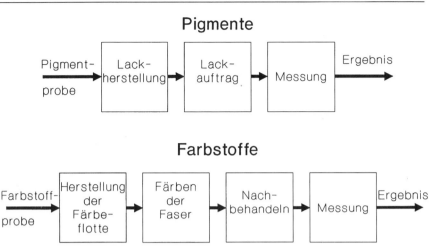

Abb. 4.2. Prüfprozesse

Der Prüfprozeß eines Farbstoffes besteht aus der Herstellung einer Färbeflotte, dem Färben einer Faser, dem Nachbehandeln der gefärbten Faser, einschließlich dem Trocknen und dem Ausmessen der gefärbten Faser.

In beiden Fällen interessiert den Hersteller, wie zuverlässig die Angabe der anwendungstechnischen Prüfung ist. Wie groß ist die Streuung des Prüfprozesses? Kann aufgrund der Beobachtung des Prüfprozesses in der Vergangenheit die Zuverlässigkeit der nächsten Prüfung vorausgesagt werden? Außerdem interessieren die Kosten, welche durch die Prüfung verursacht werden. In manchen Fällen werden Doppel-, manchmal sogar Dreifachbestimmungen durchgeführt, um die Zuverlässigkeit der Prüfmethode zu erhöhen. In vielen Fällen wird stets ein Standard parallel mit ausgeprüft, in der Hoffnung, daß bei Schwankungen des Prüfprozesses diese Schwankungen kompensiert werden. Die Ergebnisse dieser Zusatzprüfungen, welche die Zuverlässigkeit dokumentieren, sind hervorragend geeignet für einen Einstieg in die statistische Prozeßkontrolle. Da die Prüfungen bereits gemacht werden, liegen die Ergebnisse zum Null-Tarif vor und sie müssen lediglich mit Hilfe von Regelkarten ausgewertet werden (s. Abschn. 4.5 und 6.2.6).

4.2.1.4
Prozesse in einer Reparaturwerkstatt

In der Kunststoffwerkstatt werden kleinere und mittlere Kunststoffreparaturen sowie Betriebsstörungen auf diesem Sektor ausgeführt. Die planbaren Aufträge fließen in den täglichen Rhythmus ein und werden von der Arbeitsvorbereitung eingeplant. Die Zeitdauer zwischen dem Eingang des Auftrages und dem Vorliegen des Termins ist das Qualitätskriterium für die Arbeitsvorbereitung. Die Terminabweichung nach Ausführung des Auftrages ist ein Qualitätskriterium für den gesamten Geschäftsprozeß der Reparaturwerkstatt. Im

Kapitel 6.5.2 sind Ergebnisse aus der Anwendung der statistischen Prozeßkontrolle in dieser Kunststoffwerkstatt dargestellt.

In der Eisenbahnwerkstatt werden u. a. Eisenbahnkesselwagen einer Revision unterzogen. Dieser Prozeß wurde über einen langen Zeitraum betrachtet. Da in dieser Zeit die Löhne und Gehälter sich änderten, wurden nicht die Preise als Qualitätskriterien herangezogen sondern die zur Revision benötigten Zeiten. Das Ergebnis der Anwendung der statistischen Prozeßkontrolle ist im Kapitel 6.5.3 aufgeführt.

4.2.2
Fertigungsprozesse

4.2.2.1
Chemische Industrie

Im Abschnitt 4.2.1.3 „Prozesse in der Anwendungstechnik" wurden bereits die Pigmente und deren Prüfung erwähnt. An dieser Stelle ist die Herstellung der Pigmente aus den Ausgangsverbindungen oder auch Zwischenprodukten als Prozeß gemeint (Abb. 4.3). Die Diazotierung der Aminoverbindung und anschließende Kupplung mit der Kupplungskomponente ergibt das Diazopigment, welches nach der chemischen Reaktion als Suspension vorliegt. Nach der Isolierung durch Filtration, Trocknung und Mahlung erhält man ein feines Pulver, das eigentliche Pigment. Der Prozeß der Pigmentherstellung beginnt demnach mit dem Bereitstellen der Ausgangschemikalien und endet mit dem getrockneten, gemahlenen Pulver. Die Qualität des Pigmentes wird dann anhand einer kleinen Probe im anwendungstechnischen Labor bestimmt. Die Qualität der hergestellten Ware ist nicht sofort sichtbar und auch nicht direkt meßbar. Es liegen unter Umständen mehrere Tage zwischen der Herstellung

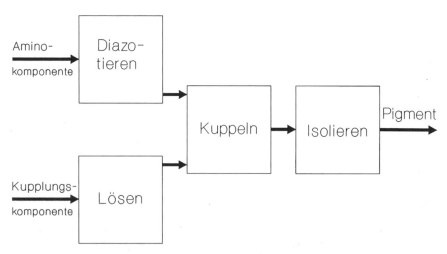

Abb. 4.3. Pigmentherstellung als ein Fertigungsprozeß aus der chemischen Industrie

des Pigmentes und dem Bekanntwerden des Ergebnisses. Außerdem ist nicht nur eine Person an diesem Prozeß beteiligt, sondern die Herstellung eines Ansatzes geschieht über mehrere Schichten hinweg und in mehreren Anlagen.

Das Verpacken des Pigmentes in Papiersäcke zu je 25 kg stellt ebenfalls einen Prozeß dar. Hierzu steht eine automatische Absackvorrichtung zur Verfügung. Das Gewicht interessiert den Kunden, er möchte keine Säcke mit kleineren Gewichten, da er 25,0 kg Pigment bezahlt. Der Lieferant möchte möglichst genau 25,0 kg pro Sack abfüllen, da eventuelles Mehrgewicht verschenktes Pigment bedeutet, geringere Gewichte aber zu Reklamationen führen.

Bei der Methanchlorierung wird nach der Reaktion das Stoffgemisch in mehreren Kolonnen durch Rektifikation getrennt. In der letzten Stufe wird Tetrachlorkohlenstoff von Methylenchlorid getrennt. Tetrachlorkohlenstoff ist die schwerer siedende Komponente und verbleibt im Sumpf, Methylenchlorid bildet die leichter siedende Komponente und bildet das Kopfprodukt. Dieser Prozeß arbeitet kontinuierlich und wird von einem Prozeßleitsystem geregelt und gesteuert. Alle drei Stunden wird eine Probe des Kopfproduktes Methylenchlorid gaschromatographisch analysiert. Es enthält noch Spuren Verunreinigungen durch Tetrachlorkohlenstoff.

Bei der Herstellung von Benzotrifluorid aus Benzotrichlorid und Flußsäure fällt zwangsweise Salzsäure an. Diese wird in einer nachgeschalteten Destillationskolonne gereinigt und fällt als Kopfprodukt an. Das Qualitätskriterium der Salzsäure ist die Verunreinigung durch Flußsäure. Sie wird in ppm gemessen. Die zur Verfügung stehende Anlage, der Prozeß zur Herstellung von Benzotrifluorid, arbeitet kontinuierlich und wird mittels eines Prozeßleitsystems geregelt und gesteuert.

Ein Wirkstoff wird in Aceton hergestellt. Bei der Isolation des Wirkstoffes wird das Aceton, mit Wasser gemischt, zurückgewonnen. Die Aufarbeitung dieser sogenannten Mutterlauge geschieht in einer kontinuierlich arbeitenden Kolonne. Dieser Prozeß wird mittels eines Prozeßleitsystem geregelt und gesteuert.

4.2.2.2
Metallverarbeitende Industrie

Die metallverarbeitende Industrie liefert viele Produkte an die chemische Industrie. Diese Produkte werden vorwiegend zur Erstellung oder zur Instandhaltung der chemischen Anlagen eingesetzt. Bedingt durch die Vielzahl der Produkte gibt es entsprechend viele Prozesse bei den Lieferanten dieser Produkte. So ist z. B. die mechanische Fertigung von Flanschen auf CNC-gesteuerten Drehmaschinen ein Prozeß, der den Flansch in seine endgültige Form, d. h. in den Zustand bringt, in dem er zur Auslieferung an den Kunden gelangt. Die Herstellung kaltgeformter Edelstahlpreßteile erfolgt in einem Prozeß mit mehreren Schritten bzw. aus mehreren Teilprozessen (Abb. 4.4).

Die chemischen Anlagen sind in vielfacher Hinsicht gegen Störungen abgesichert. So gibt es neben diversen Vorschriften und Anweisungen auch technische Einrichtungen, welche die Sicherheit der Anlagen gewährleisten. Hierzu zählen z. B. Sicherheitsventile, welche die Anlagen gegen einen Überdruck ab-

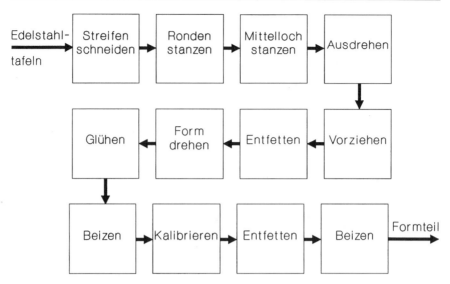

Abb. 4.4. Herstellung von Edelstahlformteilen

sichern. Im Normalzustand erwartet man von diesen Armaturen, daß sie vollkommen dicht sind. Nur beim Überschreiten eines vorgegebenen Höchstdruckes öffnet die Armatur und dient damit der Druckentlastung. Die Herstellung dieser Sicherheitsventile aus den verschiedenen Bauteile ist ein mechanischer Fertigungsprozeß, welcher in weitere Teilprozesse, z. B. Herstellung der Ventilspindel, Ventilsitz, Anschlußflansch und Gehäuse, unterteilt werden kann. Den Kunden interessiert besonders die Dichtheit der einzelnen Armatur aus der Serienfertigung.

Die Herstellung von Dichtungen ist ebenfalls ein Prozeß: Für bestimmte Anwendungen werden Edelstahlwellringe mit einer entsprechenden, korrosionsbeständigen Ummantelung versehen.

Außer den bisher erwähnten Kleinteilen bezieht die chemische Industrie auch größere Apparate und Anlagen. Ferner werden Aggregate zum Transport von Gasen, Flüssigkeiten und Feststoffen benötigt. Eine große Bedeutung haben hierbei die Pumpen. Als Beispiel wird auf die Herstellung der Kreiselpumpe verwiesen. Das Ergebnis des Gesamtprozesses ist die fertige Pumpe. Die Teilprozesse bestehen aus der Herstellung des Laufrades, der Welle, dem Gehäuse, den Anschlüssen und der Abdichtungseinrichtung.

4.2.2.3
Textilindustrie

Die Textilindustrie stellt aus natürlichen oder chemischen Rohstoffen mittels verschiedener Prozesse Textilien her. Einer dieser Prozesse dient dazu, die Faser mit der notwendigen Präparation zu versehen, wobei es wichtig ist, die Präparationsmenge pro Menge Faser konstant zu halten.

Ein weiterer Prozeß der Textilindustrie ist das Färben der Faser, wobei Farbton und Echtheiten entsprechend den Anforderungen der Kunden gewährleistet sein müssen. Hierfür werden sowohl kontinuierliche als auch diskontinuierliche Prozesse verwendet. Fasermengen reagieren in Autoklaven bei erhöhten Temperaturen mit dem Farbstoff der Färbeflotte. Nach den Teilprozessen Waschen und Trocknen erhält man die gefärbte Textilie.

4.2.2.4
Sonstige Industrie

Zur Abdichtung von rotierenden Wellen gegenüber dem Gehäuse benutzt man z. B. sogenannte Stopfbuchspackungen. Dieses geflochtene Material wird um die Welle gelegt und mechanisch axial unter Druck gesetzt. Durch die radiale Ausdehnung erfolgt die Abdichtung. Der kontinuierliche Fertigungsprozeß besteht aus dem Flechten der Fäden zur Packung.

Die Prozesse der chemischen Industrie benötigen auch Meß- und Regelgeräte zur Steuerung und Regelung. Hierfür werden Sensoren eingesetzt, welche den Zustand des Prozesses messen. Das Signal wird dann im Prozeßleitsystem zur Regelung, Steuerung oder Anzeige für den Anlagenfahrer genutzt. Eine wichtige Größe bei den Prozessen ist die Temperatur. Sogenannte Temperaturmeßumformer messen die Temperatur im Prozeß vor Ort und erzeugen einen entsprechenden Strom in Form des Einheitssignales. Die Herstellung dieser Temperaturmeßumformer aus Dioden, Widerständen, Potentiometern, Kondensatoren und mechanischen Bauteilen ist ein kontinuierlicher Fertigungsprozeß. Der Kunde interessiert sich besonders für den sogenannten „Nullpunkt" und die „Steilheit". Mit anderen Worten, wie genau repräsentiert die abgegebene Stromstärke die vorhandene Temperatur der Anlage. Wie groß sind die Schwankungen der einzelnen Temperaturmeßumformer und wie verändert sich das Verhalten eines einzelnen Temperaturmeßumformers über die Zeit?

4.2.3
Zusammenfassung der Prozesse

In den zuvor erwähnten Beispielen wurde deutlich, daß alle Prozesse „Input" haben: Mensch, Methode, Material und Maschinen. Da der Mensch die Methode entwickelt und festlegt, das Material aussucht, bestellt und bereitstellt, die Maschine entwickelt, erstellt und bedient, ist er der Schlüsselfaktor bei allen Prozessen. Das Ergebnis oder „Output" eines Prozesses geht an einen Kunden, der gewisse Anforderungen an das Produkt oder die Dienstleistung stellt. Es entwickelten sich im Laufe der Zeit gewisse Normen für die Anforderungen, sogenannte Spezifikationen. Unter der herkömmlichen Betrachtungsweise ist der Lieferant bemüht, die Produkte den Anforderungen des Kunden entsprechend auszurichten und ein entsprechendes Vertrauen zu erzeugen, daß der Kunde stets bekommt, was er sich wünscht. Daher wird nach der Produktion eine Prüfung durchgeführt. Entspricht das Produkt den Erwartungen, wird es verpackt und versandt (Abb. 4.5 oben). Ergab die Prüfung eine Nichtübereinstimmung mit den Forderungen, so muß die Ware nachgearbeitet oder auch in manchen Fällen verworfen werden. Es entstehen sogenannte Kosten für Nicht-Konformität, früher oft Qualitätskosten genannt (s. Kap. 3).

Der heutige Kunde möchte diese Kosten nicht mehr tragen. Früher interessierte sich der Kunde lediglich dafür, daß die vereinbarten Spezifikationen eingehalten wurden. Wie dieses verwirklicht wurde, durfte den Kunden nicht interessieren. Das Interesse des heutigen Kunden geht sehr viel weiter. Er interessiert sich sehr für die Prozesse seines Lieferanten. Der Kunde möchte beim Lieferanten einen Prozeß ohne Qualitätskosten vorfinden: Herstellen, Verpacken und Versenden (Abb. 4.5 unten). Dies bedingt jedoch, daß der Prozeß Produkte liefert, die ohne Prüfung und ohne Nachbearbeitung gleich den Forderungen des Kunden entsprechen. Dieser Prozeß ist fähig, vorhersagbar und konstant. Die statistische Prozeßkontrolle kann entscheidend mithelfen, dieses Ziel zu erreichen. An dieser Stelle sei auch auf das Konzept „JUST IN TIME" verwiesen, das auf moderne, konstante und fähige Prozesse angewiesen ist.

Häufig bestehen Prozesse aus vielen einzelnen Schritten oder auch Teilprozessen, die miteinander verknüpft sein können. Fertigungsprozesse sind meistens mit Dienstleistungsprozessen zu einem Gesamtsystem verbunden. Diese Systeme führen häufig über Firmengrenzen hinweg zu nationalen und in letzter Zeit auch zu globalen Vernetzungen. Der Markt ist auf vielen Segmenten global ausgerichtet und unsere Produkte sind dem globalen Markt ausgesetzt. Letztendlich bedeutet dies, unsere Prozesse müssen qualitativ so hochwertig

Produktorientierte Qualität

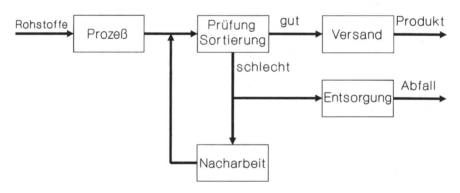

Prozeßorientierte Qualität

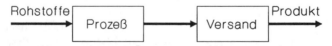

Abb. 4.5. Produkt- bzw. prozeßorientierte Qualität

und so kostengünstig sein, daß sie am globalen Markt einen zufriedenstellenden Gewinn garantieren. Die Vernetzung der Prozesse erfolgt in diesem globalen Rahmen einerseits horizontal, d. h. die Fertigprodukte eines Prozesses sind die Ausgangsprodukte des nächsten Prozesses und andererseits vertikal, d.h. Prozeß 1 liefert das Vorprodukt U und Prozeß 2 das Vorprodukt V. Verknüpft werden diese Prozesse untereinander durch die Dienstleistungsprozesse. Das Gesamtsystem wird bestimmt durch das schwächste Glied. Dies bedingt, daß alle Prozesse aufeinander abgestimmt sein müssen. Außerdem darf es bei diesem System nicht zu Ausfällen der Anlagen oder zu schadhaften Teilen kommen. Dies kann nur durch entsprechenden Vorrat, d.h. hohe Lagerhaltung, kompensiert werden, was sich in vermeidbaren Qualitätskosten (Kosten für die Nicht-Konformität) widerspiegelt. Das System mit den niedrigsten Gesamtkosten, den kürzesten Durchlaufzeiten und der höchsten Flexibilität hat die größten Chancen am globalen Markt erfolgreich zu überleben. Die wichtigsten Komponenten dieser Systeme sind die Prozesse. Sie müssen die Kundenforderungen erfüllen, und zwar ohne Prüfung, ohne Nacharbeit, heute, morgen, ständig.

Der Produzent hat ebenfalls ein Interesse an seinem Prozeß, der effizient sein soll und qualitativ hochwertige Produkte liefern soll. Der Prozeß soll möglichst genau die Merkmalswerte liefern, die der Kunde wünscht, und zwar ohne Nacharbeit, Untermischen, Sortieren. Der Prozeß soll so sicher ablaufen, daß eine anschließende Prüfung nicht mehr erforderlich ist. Auf diese Weise lassen sich die Durchlaufzeit, der Kapitaldienst und die Kosten senken und die Konkurrenzfähigkeit am globalen Markt verbessern.

4.3
Die Basis der statistischen Prozeßkontrolle (SPC)

Die zwei Arten der Variabilität

Die grundlegende Idee der statistischen Prozeßkontrolle, so wie ihr Erfinder Walter Shewhart [35] sie ursprünglich definierte, war die Erkenntnis, daß alle Prozesse Variabilität aufweisen. Wie schon im Abschnitt 4.1 erwähnt, gibt es keinen Prozeß ohne Variabilität. Diese Variabilität kann in zwei Gruppen eingeteilt werden, in den natürlichen und den unnatürlichen Anteil. Der natürliche Anteil der Variabilität ist, wie schon mehrfach an Beispielen erläutert, bei jedem Prozeß vorhanden. Dieser Anteil kann sehr groß oder auch sehr klein sein, ist Bestandteil des Prozesses und kann mathematisch beschrieben werden. Der *unnatürliche* Anteil der Variabilität dagegen ist *nicht* Bestandteil des Prozesses und läßt sich *nicht* mathematisch beschreiben. Diese unnatürliche Variabilität kann zusätzlich zur natürlichen Variabilität vorhanden sein. Ein Fachmann auf dem Gebiet der statistischen Prozeßkontrolle hat einmal die unnatürliche Variabilität mit der fälschlicherweise sogenannten bösen Schwiegermutter im Märchen verglichen. Sie, die unnatürliche Variabilität, kündigt sich nicht an, sie sagt nicht, ob sie Gutes oder Schlechtes im Sinn hat, sie sagt nicht, wie lange sie bleibt; wenn sie geht, sagt sie nicht, wie lange sie wegbleibt und wann sie mit welchen Absichten wieder erscheint. Ein solches Verhalten ist, wie jeder zustimmen wird, mathematisch nicht beschreibbar und damit auch nicht vorhersagbar.

Ein neues Kugellager hat einen sehr gleichmäßigen Lauf über viele Jahre hinweg. Mißt man die Vibration an der Achse, so wird man nur sehr geringe Vibration feststellen. Irgendwann jedoch wird der Alterungsprozeß einsetzen und die Vibration wird nun um ein Vielfaches zunehmen. Es ist an der Zeit, das Kugellager zu ersetzen. Ein Katalysator beeinflußt die chemische Reaktion bzw. macht sie bereits bei gewöhnlichen Temperaturen möglich. Im Laufe der Zeit tritt jedoch eine langsame Vergiftung ein und die katalytische Wirkung läßt nach oder hört ganz auf. Die Elektrode im Labor zur Messung der Säurekonzentration weist eine ganz bestimmte Steilheit und einen konstanten Nullpunkt auf. Bei entsprechender Abnutzung jedoch ändern sich diese Werte signifikant. Diese drei Beispiele veranschaulichen, daß die Alterungsprozesse ständig auf unsere Prozesse einwirken und versuchen, unnatürliche Variabilität in den Prozeß hineinzubringen. Daraus kann man ableiten, daß die Natur den Zustand „frei von unnatürlicher Variabilität" nicht bevorzugt. Dies erklärt auch, warum mehr als 90 Prozent der Prozesse im Anfangsstadium der Anwendung der statistischen Prozeßkontrolle zu-

Abb. 4.6. Die zwei Arten der Variabilität

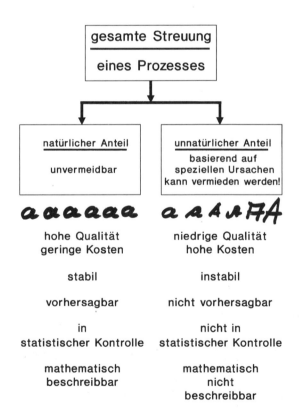

sätzlich zur natürlichen auch noch in erheblichem Ausmaß die unnatürliche Variabilität aufweisen.

Überlegungen zu den zwei Arten der Variabilität sind in Abb. 4.6 für einen Prozeß zur Herstellung von Buchstaben zusammengestellt. Die gesamte mögliche Variabilität ist in die genannten zwei Arten aufgeteilt. Im linken Teil der Abbildung sieht man einen Prozeß mit nur sehr geringer, jedoch gleichmäßig schwankender, natürlicher Variabilität. Der rechte Teil der Abbildung dagegen steht für einen Prozeß mit zusätzlich unnatürlicher Variabilität. Dessen Prozeßergebnis entspricht nicht den Spezifikationen und somit auch nicht den Kundenwünschen. Aufgrund der zusätzlichen, unnatürlichen Variabilität im rechten Prozeß muß hier nach der Produktion eine hundertprozentige Qualitätskontrolle und eine Sortierung erfolgen, d. h. zusätzliche Arbeit und Zeit. Die Ausbeute beim rechten Prozeß ist deutlich geringer als beim linken Prozeß, dessen Qualität vorhersagbar ist und produziert wird. Häufig soll die Marketingabteilung für die nicht typgerechte Ware ebenfalls einen Kunden finden. Da die nicht typgerechte Ware während dieser Zeit den Lagerbestand erhöht, entstehen zusätzliche Kosten: Beim Marketing durch spezielles Handling und bei der Lagerhaltung Zinskosten. Da man beim Prozeß mit der unnatürlichen Variabilität nicht vorhersagen kann, wieviel typgerechte Ware pro Zeiteinheit hergestellt werden kann, wird die Termineinhaltung bei Lieferungen entweder unsicher, was die Kunden verärgert, oder durch entsprechend hohe Lagerhaltung kompensiert, was höhere Kosten verursacht. Ferner wird es bei einem Prozeß mit unnatürlicher Variabilität sehr schwer sein, die Qualität konstant zu halten. Auch wenn die Möglichkeit des Abmischens besteht, d. h. zusätzliche Maschinen, Zeit und Qualitätskosten, ist nicht unbedingt eine gleichmäßige Qualität gesichert, wie folgendes Zahlenbeispiel zeigen soll: Der Prozeß A liefert ein Produkt mit den Viskositäten für die letzten fünf Chargen: 30,0 cp; 30,5 cp; 29,5 cp; 31,0 cp; 29,0 cp. Der Mittelwert ist demnach 30,0 cp. Der Prozeß B hingegen liefert ein Produkt mit den Viskositäten: 30,0 cp; 25,0 cp; 35,0 cp; 20,0 cp; 40,0 cp. Auch hier ist der Mittelwert 30,0 cp. Es ist jedoch zu bezweifeln, ob die Produkte des Prozesses A und B in der Anwendung zu gleichen Ergebnissen führen.

Ein Vergleich der Schwankungsbreite des Prozesses mit den Spezifikationen ist nur bei dem linken Prozeß sinnvoll. Beim rechten Prozeß mit der unnatürlichen Variabilität kann lediglich die bisher beobachtete Schwankung angegeben werden. Die Prozeßfähigkeit ist hier also nicht vorherzusagen, weil sich ja das Prozeßergebnis – wegen der unnatürlichen Variabilität – nicht vorhersagen läßt.

Aus den obigen Erwägungen kann man also ableiten: Ein Prozeß, der „in statistischer Kontrolle" ist (ISK-Prozeß), ist frei von unnatürlicher Variabilität, hat eine höhere Qualität, bei geringeren Kosten im Vergleich zu einem Prozeß, welcher zusätzlich noch über unnatürliche Variabilität verfügt. Auch wenn der Kunde oder der nächste Abnehmer nicht die Forderung nach einem ISK-Prozeß stellt, ist ein solcher anzustreben. Der Betreiber, der Inhaber, der Ingenieur oder der Bediener müßte sich freuen, einen Prozeß zu finden, der „nicht in statistischer Kontrolle" ist (NISK-Prozeß), denn ein solcher Prozeß läßt sich signifikant verbessern.

4.4
Fähige Prozesse, die in statistischer Kontrolle sind

Selbstverständlich muß ein ISK-Prozeß auch fähig sein, die Qualitätsanforderungen des Kunden direkt zu erfüllen. Dies bedeutet, daß die gesamte Schwankungsbreite eines vorhersagbaren (ISK) Prozesses innerhalb der Spezifikationen liegt. Dies ist in Abb. 4.7 links oben angedeutet. Angenommen, der Kunde, der bisher die handgefertigten Buchstaben, die mit Hilfe eines in Abb. 4.6 links angedeuteten Prozesses hergestellt wurden, abnahm, erhöht die Anforderung auf das wesentlich höhere Qualitätsniveau der maschinell gefertigten Buchstaben: „QQQQQ", dann ist der Hand-Prozeß in dieser Form nicht mehr fähig, die Kundenanforderung zu erfüllen. Es kann immer noch ein ISK-Prozeß vorliegen, wie in Abb. 4.7, rechts oben gezeigt, allerdings wäre eine Produktprüfung und anschließendes Sortieren eventuell noch immer nicht ausreichend. Investitionen in Form von Soft- und Hardware wären erforderlich, um die neuen Anforderungen zu erfüllen. Die untere Hälfte von Abb. 4.7 zeigt zwei Prozesse, welche beide nicht in statistischer Kontrolle sind. Sie verfügen neben der

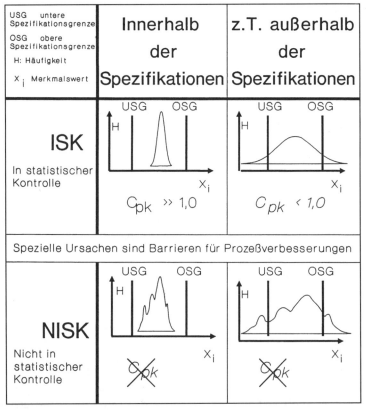

Abb. 4.7. Die vier Möglichkeiten

natürlichen auch noch über die unnatürliche Variabilität. Diese Prozesse sind nicht vorhersagbar. In Abb. 4.7, links unten liegen die bisher beobachteten Schwankungen alle innerhalb der Toleranzen. Über das zukünftige Verhalten dieses Prozesses können jedoch keine Aussagen gemacht werden. Da in der Regel die Toleranzen mit der Zeit immer enger werden, sollten bei diesem Prozeß so bald wie möglich die Ursachen für die unnatürliche Variabilität ermittelt werden. Andernfalls wird ein Zustand erreicht, wie er in der Abb. 4.7 unten rechts dargestellt ist. Auch dieser Prozeß ist aufgrund der vorhandenen unnatürlichen Variabilität nicht vorhersagbar. Die bisher beobachteten Schwankungen gehen außerdem über die Toleranzen hinaus. Bei diesem Prozeß ist eine hundertprozentige Produktprüfung und anschließendes Sortieren erforderlich. Da für diesen Prozeß erhebliche Qualitätskosten aufzuwenden sind, dürfte es der Konkurrenz nicht schwer fallen, ein qualitativ besseres, billigeres Produkt anzubieten. Die einzige temporäre Hilfe wäre ein Patentschutz. Langfristig können solche Prozesse jedoch nicht aufrecht erhalten werden. Eine mathematische Beschreibung der „Fähigkeit" erfolgt in Abschnitt 4.10.

Die statistische Prozeßkontrolle ist auch ein geeignetes Mittel, um bei bestehenden Anlagen und Maschinen zu entscheiden, ob Investitionen zwingend erforderlich sind. Falls die Qualitätsanforderungen nicht mehr erfüllt werden oder die Kapazität nicht mehr ausreicht, wird in der Regel ein Kostenanschlag aufgestellt und nach dessen Genehmigung die Investition getätigt. Dies ist bei ISK-Prozessen auch sicherlich sinnvoll. Bei NISK-Prozessen hingegen sollte zuerst der Prozeß verbessert werden und der ISK-Zustand herbeigeführt werden. In der Regel können NISK-Prozesse mit einem geringen finanziellen Aufwand in relativ kurzer Zeit in ISK-Prozesse überführt werden. Sind dagegen ISK-Prozesse nicht mehr fähig, so sind meistens größere Investitionen und grundlegende Änderungen erforderlich.

4.5
Anlegen und Führen von Regelkarten

4.5.1
SPC Aktivitäten

Oftmals wird die Behauptung aufgestellt, die statistische Prozeßkontrolle kann man nur in der Metallindustrie und dort nur bei der Automobilzulieferindustrie sinnvoll praktizieren. Die Praxis hat jedoch gezeigt, daß überall dort, wo Prozesse ablaufen, welche über die natürliche und unnatürliche Variabilität verfügen oder verfügen können, die statistische Prozeßkontrolle eingesetzt werden kann. In Abb. 4.8 ist dargestellt, daß SPC bei Fertigungsprozessen und Dienstleistungsprozessen, kontinuierlichen und diskontinuierlichen Prozesse mit Erfolg eingesetzt werden kann, um die Kundenzufriedenheit und die Qualität zu erhöhen und die Kosten zu reduzieren.

Das Praktizieren der statistischen Prozeßkontrolle geht wesentlich über das Führen von Regelkarten hinaus [33]. Die Vorgehensweise soll anhand Abb. 4.9 schrittweise erläutert werden. Die Entscheidung, SPC einzuführen (*1), muß vom Management ausgehen. Wenn SPC zum Erfolg führen soll, müssen

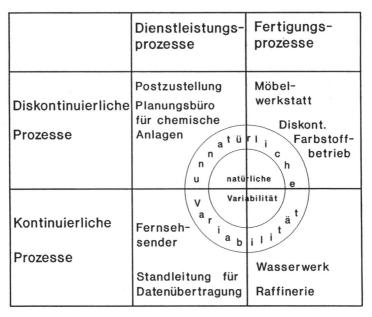

	Dienstleistungs- prozesse	Fertigungs- prozesse
Diskontinuierliche Prozesse	Postzustellung Planungsbüro für chemische Anlagen	Möbel- werkstatt Diskont. Farbstoff- betrieb
Kontinuierliche Prozesse	Fernseh- sender Standleitung für Datenübertragung	Wasserwerk Raffinerie

Abb. 4.8. Variabilität und Prozese

zunächst Schulungen durchgeführt werden. Danach kommt die Suche nach der Ursache für unnatürliche Variabilität und schließlich müssen Ablaufänderungen bei den Prozessen durchgeführt werden. Häufig brauchen die Anwender auch Unterstützung von anderen Fachkräften oder Spezialisten, was zunächst mit Kosten verbunden sein kann. Auch wird sich eine Änderung in der Qualitätsstrategie ergeben. Es wird mehr zum Produzieren von Qualität kommen und weniger zum Erprüfen von Qualität. Die Funktion der Abteilung Qualitätssicherung wird sich unter Umständen drastisch ändern. Diese Aspekte lassen sich nur dann synergistisch durchsetzen, wenn die Zielsetzung klar von der Führungsspitze definiert bzw. ausgesprochen wurde [55, 56]. Das Management ist also sowohl bei der Initiierung und Vorgabe der Anwendung gefragt, als auch bei den Konsequenzen.

Welcher Prozeß und welche Qualitätsmerkmale (*2) werden für die Anwendung von SPC ausgewählt? Zu Beginn sollte man mit einem, höchstens zwei Prozessen beginnen. Beginnt man mit sehr vielen Prozessen gleichzeitig, wird vielleicht die ganze Energie in das Anlegen und Führen von Regelkarten gelegt. Es bleibt dann sehr wenig Zeit zum Suchen und Finden der Ursachen für die unnatürliche Variabilität. Dies war in einem chemischen Betrieb der Fall, in welchem SPC an 64 verschiedenen Prozessen gleichzeitig eingeführt werden sollte. Es wurden zwar 64 Regelkarten geführt, aber eine Prozeßverbesserung war auch nach einem halben Jahr nicht zu erkennen. Für eine richtige Auswertung blieb keine Zeit übrig. Um Erfahrungen mit SPC zu sammeln, sollte der erste Prozeß nicht unbedingt der schwierigste sein. Ein positives, erstes Erfolgserlebnis sollte in absehbarer Zeit zu verwirklichen sein. Die schwierigen

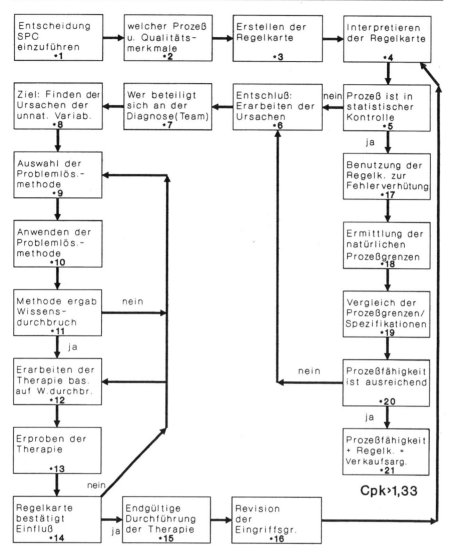

Abb. 4.9. SPC-Aktivitäten

Prozesse werden erst in Angriff genommen, wenn bereits Erfahrungen vorliegen. Vereinfacht wird die Einführung von SPC bei einem regelmäßig stattfindenden Prozeß. Läuft ein diskontinuierlicher Fertigungsprozeß hingegen in kurzen Kampagnen und liegen zwischen den Kampagnen längere Unterbrechungen, so ist von einer SPC-Anwendung zunächst abzuraten. Ideal zur Einführung von SPC ist der stetige Prozeß, welcher das ganze Jahr über abläuft. Die Anzahl der Stichproben bei diesem Prozeß sollte über 100 liegen.

Betrachtet wird vorzugsweise ein Merkmalswert, der für den Kunden von
großer Bedeutung ist. Die vielen Parameter innerhalb des Prozesses sind vielleicht für den Betreiber oder für den Wissenschaftler von großem Interesse,
der Kunde jedoch entscheidet über das wichtigste Kriterium des Produktes
oder der Dienstleistung. Dieses Kriterium wird dann mit Hilfe einer Regelkarte beim Ablauf des Prozesses über die Zeit verfolgt. Für den Betreiber bietet sich darüber hinaus, besonders in der chemischen Industrie, die Ausbeute
in Prozent der Theorie an. Es hat sich über Jahre hin bei vielen Reaktionen bestätigt, daß Prozesse, welche zusätzlich über die unnatürliche Variabilität verfügen, eine durchschnittlich geringere Ausbeute aufweisen, als Prozesse, welche nur über die natürliche Variabilität verfügen. Mit anderen Worten, ein
ISK-Prozeß hat die höhere Ausbeute. Falls Prozesse nicht in statistischer Kontrolle sind, wird die Anwendung von SPC mit großer Wahrscheinlichkeit zu
Ausbeuteverbesserungen führen. Eine weitere Beobachtung wurde bei der Anwendung von SPC bei chemischen Prozessen gemacht: Häufig besteht zwischen der Ausbeute und der Qualität ein Zusammenhang, welcher sich direkt
oder indirekt proportional zur Ausbeute verhält. Ein Beispiel ist im Kapitel
6.2.1 aufgeführt.

Für jedes Qualitätskriterium wird, entsprechend Abschnitt 4.5.2, eine Regelkarte erstellt (*3). Die Interpretation der Regelkarte (*4) gibt Einblicke in
die Variabilität des Prozesses: Verfügt der Prozeß, wie in Abb. 4.13 dargestellt,
lediglich über den natürlichen Anteil der Variabilität, so treten keine Regelverletzungen auf, der Prozeß ist in statistischer Kontrolle (ISK), er ist vorhersagbar (*5).

Zeigt die Interpretation der Regelkarte, durch sogenannte Regelverletzungen (s. Abb. 4.15 und Abb. 4.16) die Anwesenheit von unnatürlicher Variabilität
an, so ist der Prozeß nicht in statistischer Kontrolle, er ist nicht vorhersagbar
und verfügt über ein signifikantes Verbesserungspotential. Dies bedeutet in
den meisten Fällen *nicht*, daß sofort eingegriffen werden muß, wie die Be-
zeichnung dies vielleicht vermuten läßt. Oftmals ist nämlich die Ursache für
die unnatürliche Variabilität unbekannt. Ein sofortiges Eingreifen könnte unbeabsichtigte negative Folgen für die Qualität nach sich ziehen. Überstürztes
Eingreifen ist in vielen Fällen reiner Aktionismus und die unnatürliche Variabilität wird sogar noch unnötigerweise erhöht. Die richtige Aktion ist der Ent-
schluß, die wahren Ursachen zu ergründen (*6). Der Bediener kann sich zwar
alleine bemühen, diese Ursachen zu finden (*7), häufig jedoch liegen die Ursachen nicht im unmittelbaren Bereich des Bedieners. Eine Änderung in der Zusammensetzung des Ausgangsmaterials, eine Prozeßstörung im Zulieferbe-
trieb, eine Begrenzung der Temperatur im Temperaturregler können vom Bediener oft nur schwer erkannt werden. In der Praxis hat sich ein SPC- oder
Diagnose-Team, unter Einbeziehung von zusätzlichen Spezialisten als hilfreich erwiesen (*8). Dieses Team wird zunächst eine Problemlösungsmethode
auswählen (*9). Hier ist der Einsatz einer Fachkraft in bezug auf allgemeine
Problemlösungsmethoden bei schwierigen Fällen vorteilhaft. Diese Kraft
sollte nicht nur über Erfahrungen mit Gruppendynamik verfügen, sondern
auch über praktische Erfahrungen mit einer Vielzahl anderer Methoden. Besonders erfolgreich hat sich hier der Einsatz der universellen Sequenz gezeigt.

Einzelheiten hierzu siehe Kapitel 3. Ein Beispiel über den kombinierten Einsatz ist im Kapitel 6.4.4 aufgeführt. Erwähnt werden sollte an dieser Stelle auch der Einsatz der Methoden „Fehlermöglichkeiten erkennen und ausschalten, FMEA", sowie „Design of Experiments, DOE". Einzelheiten hierzu sind im Kapitel 2 aufgeführt.

Die Anwendung der als sinnvoll erachteten Problemlösungsmethode (*10) kann u.U. zu Kosten führen oder z.B. den Ablauf des Prozesses ändern. Die Vorgehensweise ist daher mit den Prozeßverantwortlichen abzustimmen. Auch sollten vorhandene Ressourcen berücksichtigt werden, z.B. Expertenwissen aus Forschungs- oder Entwicklungsabteilungen. Bei allen Aktivitäten sollte ferner immer das Verhältnis von finanziellem Aufwand und erzielbaren Ergebnis abgeschätzt werden, damit nicht die Kosten die Einsparungen übersteigen.

Das Ergebnis der Anwendung der Problemlösungsmethode sollte ein Wissensdurchbruch (*11) sein, bei dem die wahre Ursache für die unnatürliche Variabilität gefunden wird. Häufig ist dies eine neue Erkenntnis, ein Wissen, welches bis zu diesem Zeitpunkt nicht bekannt war. Die Praxis zeigt immer wieder, daß Prozesse, besonders in der Anfangsphase der statistischen Prozeßkontrolle, über unnatürliche Variabilität verfügen. In vielen Fällen wird dann behauptet, die Ursachen dafür seien bekannt und es werden verschiedene Prozeßparameter aufgezählt. Werden diese Prozeßparameter über einen längeren Zeitraum neben den Qualitätskriterien notiert und mittels der Korrelationsanalyse miteinander verglichen, stellt man fest, daß die vermuteten Ursachen keinen oder einen untergeordneten Einfluß haben. Häufig ist eine solche Vorgehensweise leider erforderlich, um die Bereitschaft zur Suche nach den wahren Ursachen der unnatürlichen Variabilität erst zu ermöglichen.

Häufig sind die Argumente nur vorgegeben und halten einer näheren Überprüfung nicht Stand. Auf den ersten Blick scheinen diese angeblichen Ursachen durchaus plausibel. Eine gut geführte Regelkarte kann häufig schon einen Hinweis geben, ob es sich bei der angeblichen Ursache um einen wirklichen oder einen vorgegebenen Grund handelt. Wird an dieser Stelle kein Wissensdurchbruch erreicht, muß eventuell eine andere Problemlösungsmethode erprobt werden. Dies wird in Abb. 4.9 *11 mit der Schleife angedeutet. Basierend auf der Erkenntnis der wahren Ursache, dem Wissensdurchbruch, wird dann die Therapie erarbeitet (*12) und durch eine Korrektur sichergestellt, daß die gefundene unnatürliche Variabilität in Zukunft nie mehr auftritt. Hier denkt man bereits an reversible und irreversible Korrekturen. Hatte die unnatürliche Variabilität einen positiven Einfluß, möchte man sie als Teil des Prozesses auf Dauer installieren. Die vorgesehenen Korrekturen sind sehr sorgfältig mit den Prozeßverantwortlichen abzustimmen, um andere Aspekte, wie Arbeitssicherheit, Anlagensicherheit und Umweltschutz nicht zu beeinträchtigen. Alleingänge sind möglichst zu unterlassen. Ein Vorgehen im Team ist unbedingt vorzuziehen.

Da es sich zunächst um vermutete Ursachen handelt, wird die erarbeitete Korrektur zuerst einmal erprobt (*13). Bei dieser Erprobung soll an Hand der Regelkarte erkennbar werden, ob ein Zusammenhang zwischen der Korrektur und dem Prozeßverhalten, der Qualitätscharakteristik, besteht. Ein vorsichtiges Herangehen ist daher empfehlenswert. Ist kein Zusammenhang erkennbar, hat man wahrscheinlich noch nicht den richtigen Parameter gefunden und ist gezwungen, nochmals eine andere Korrektur oder sogar eine andere Problemlösungsmethode zu probieren. Wichtig ist an dieser Stelle, daß nicht bei der ersten Schwierigkeit aufgegeben wird. Die konsequente Vorgehensweise bis zum Finden der Ursachen für die unnatürliche Variabilität kann den Prozeß verbessern und führt zum ISK-Prozeß. Bestätigt die Regelkarte den Zusammenhang zwischen Korrektur und Prozeßverhalten (*14), so kann die endgültige Therapie erfolgen (*15). Hierbei sollte man darauf achten, daß die Korrektur dauerhaft verankert wird und ein Zurückgleiten auf das alte System nicht mehr möglich ist. Manchmal hat sich der Prozeß durch die Therapie geändert und es ergeben sich neue Eingriffsgrenzen (*16). Es kann sich der Mittelwert verschoben haben oder die Variabilität hat sich geändert. In der Regel wird man nur dann die Grenzen neu berechnen, wenn sich dadurch eine Verbesserung ergibt. Dies bedeutet, der Mittelwert hat sich zur positiven Richtung hin verändert oder die Streuung hat sich verringert. Eine Änderung zur negativen Seite bei dem Mittelwert oder eine Vergrößerung der Spannweite wird normalerweise nicht zur neuen Festlegung der Eingriffsgrenzen führen. Die sich ergebenden Grenzen sind nicht unbedingt die gewünschten oder festgelegten Grenzen. Da es mehrere, manchmal sehr viele Ursachen für die unnatürliche Variabilität geben kann, sind häufig mehrere Zyklen dieses Ablaufdiagramms erforderlich, um einen ISK-Prozeß zu erhalten. Falls keine Ursachen für die unnatürliche Variabilität gefunden werden, und es beim Führen von Regelkarten bleibt, so artet die Aktion in Selbstzweck aus. Auch ist es für den Bediener sehr frustrierend, wenn über viele Monate hinweg die Regelkarten geführt werden und der NISK-Prozeß ein NISK-Prozeß bleibt. Wenn Verbesserungen in Richtung ISK-Prozeß, verbunden mit Kostenreduzierungen, nicht glaubhaft angestrebt werden, raten wir dringend von Regelkarten und SPC ab.

Ist der Prozeß frei von unnatürlicher Variabilität, so treten keine Regelverletzungen auf und der Prozeß ist ISK, wie bereits oben erwähnt (*5). In diesem Falle kann auf die Anwendung von SPC nicht verzichtet werden. Es gibt viele Alterungsprozesse, welche unaufhörlich auf die Prozesse einwirken und versuchen, unnatürliche Variabilität in den Prozeß hineinzubringen. Der ISK-Prozeß ist demnach ein Zustand, der von der Natur nicht bevorzugt wird. Dies erklärt auch, warum die meisten Prozesse, falls nicht die statistische Prozeßkontrolle praktiziert wird, NISK sind. Daher wird die Regelkarte jetzt zur Fehlerverhütung benutzt (*17). Man könnte das Führen von Regelkarten auch als ein Frühwarnsystem betrachten. Die Stichprobenhäufigkeit wird auf ein Minimum reduziert. Regelverletzungen treten nur äußerst selten auf. Da jede einzelne Regel über eine Restwahrscheinlichkeit von ca 0,27 Prozent verfügt, kann man sich ausrechnen, wie häufig eine Regelverletzung auftreten darf. Für den Bediener wird jetzt SPC praktisch langweilig, da ja Regelverletzungen sehr selten auftreten. Erst wenn der Prozeß frei von unnatürlicher Variabilität ist, lassen sich sinnvolle, natürliche Prozeßgrenzen ermitteln (*18). Rein mathematisch lassen sich natürlich auch Prozeßgrenzen ermitteln, wenn der Prozeß noch über unnatürliche Variabilität verfügt. Man erhält in

diesem Falle auch Zahlenwerte, die jedoch die wirkliche Prozeßbreite in den
seltensten Fällen widerspiegelt. Hinzu kommt dann noch der Aspekt, daß dieser Prozeß nicht vorhersagbar ist. Dies bedeutet: Die Wahrscheinlichkeit ist
sehr gering, daß der Prozeß sich so wie in dem betrachteten Zeitraum auch in
Zukunft verhält. Sinnvollerweise können also nur von ISK-Prozessen natürliche Prozeßgrenzen berechnet werden. Von Bedeutung ist dann noch der zugrunde gelegte Zeitraum. Der Prozeß sollte über einen längeren Zeitraum
ohne unnatürliche Variabilität ablaufen, d. h. ohne Regelverletzungen. Dieser
Zeitraum beträgt oft mehrere Monate. Bei der Verwendung von Einzelwert-
karten mit gleitender Spannweite sind die Eingriffsgrenzen identisch mit den
natürlichen Prozeßgrenzen. Bei Mittelwert- Spannweitenkarten werden die
natürlichen Prozeßgrenzen aufgrund der mittleren Spannweite ermittelt
(s. Abschn. 4.5.2.2).

Die so ermittelten natürlichen Prozeßgrenzen lassen sich mit den Spezifika-
tionen der Kunden vergleichen (*19). Dies erfolgt durch die Ermittlung der
Prozeßfähigkeit. Sie wird durch den Cpk-Wert ausgedrückt (s. Abschn. 4.10).
Dieser Vergleich (*20) liefert drei Möglichkeiten. (a) Die Prozeßschwankungsbreite ist größer als die Spezifikationsbreite und liegt zum Teil außerhalb der
Spezifikationen. In diesem Falle ist der Prozeß nicht fähig und es werden immer Teile außerhalb der Spezifikationen liegen. Ein etwaiges Korrigieren des
Prozesses wird nur zu Überjustierung führen. Den minimalen Anteil an nicht
spezifikationsgerechter Ware erhält man, wenn der Prozeß zentriert ist. Eine
spezifikationsgerechte Ware erhält man in diesem Falle nur durch eine hundertprozentige Prüfung und entsprechende Sortierung, Nacharbeit oder zu
entsorgendem Ausschuß, was sich in entsprechend hohe Prüfkosten und Qualitätskosten niederschlägt. Eine Prozeßverbesserung besteht in diesem Falle
aus einer Reduzierung der natürlichen Variabilität. Dies erreicht man nur sehr
schwer durch das Führen von Regelkarten, da hier der Statistik-Spezialist gefragt ist, der mittels DOE die natürliche Variabilität zerlegt und ergründet.
Dies wird häufig off-line, d.h. abseits der eigentlichen Produktion in Forschung und Entwicklung oder im Technikum erfolgen, um die Kosten gering
zu halten. Scheiden diese Möglichkeiten aus, könnte man diese Versuche in
vorsichtiger Weise direkt am laufenden Prozeß iterativ durchführen. (b) Ein
Sonderfall liegt vor, wenn die Prozeßschwankungsbreite identisch ist mit den
Spezifikationen. (c) Ist die Schwankungsbreite eines ISK-Prozesses kleiner als
die Spezifikationsbreite und liegt der Prozeß innerhalb der Spezifikationen, so
ist der Prozeß fähig und ISK. In diesem Fall kann die Stichprobenhäufigkeit
eventuell reduziert werden. Aufgrund der Vorhersagbarkeit des Prozesses erhält man die Gewißheit, daß auch zwischen den Stichproben der Prozeß sich
so verhält, wie zum Zeitpunkt der Stichproben. Diese Sicherheit erfordert
natürlich einen ISK-Prozeß über einen längeren, mehrmonatigen Zeitraum.
Bei einem fähigen, durch Regelkarten dokumentierten ISK-Prozeß kann dann
auf eine eingebaute Prüfung nach der Produktion verzichtet werden. In diesem
Falle ist die Qualität produziert und nicht erprüft und der Kunde kann auf eine
einfache Identitätsprüfung übergehen. Diese Überlegungen bilden die Grundlage für das Einbeziehen der Lieferanten, dem Konzept Q 100. Nähere Angaben
hierzu siehe Kapitel 5 und 6.6.

In Abb. 4.9 ist anhand der Anzahl der Kästen zu sehen, wie gering der Aufwand zum Anlegen, Führen und Interpretieren der Regelkarten ist. Die Praxis bestätigt dies. Der Zeitaufwand zum Auffinden der Ursachen für die unnatürliche Variabilität ist wesentlich größer und sollte nicht unterschätzt werden. Auch sollten genügend Ressourcen bereitgehalten werden. Wenn gleich zu Anfang sehr viele Regelkarten geführt werden, dann bleibt es häufig beim Führen von Regelkarten und es bleibt dann keine Zeit zum Verbessern der Prozesse, das eigentliche Ziel der statistischen Prozeßkontrolle.

4.5.2
Regelkarten

Die für Prozeßverbesserungen und Fehlerverhütung empfehlenswerten Regelkarten sind in Abb. 4.10 zusammengestellt. Die Buchstabenbezeichnungen stammen aus der englischen Sprache und sind Abkürzungen für: „count", „unit", „proportion" und „number".

Regelkarten für attributive Daten

Von den Regelkarten für attributive Daten haben nur diejenigen mit konstanter Stichprobengröße (C- und NP-Karte) gelegentlich Anwendung gefunden. Bei variabler Stichprobengröße (U- und P-Karte) müssen die Eingriffsgrenzen für jede Stichprobe jeweils neu berechnet werden, was in der praktischen Anwendung hinderlich ist. Attributivdaten kennen immer nur zwei Zustände, z. B. defekt – nicht defekt, Analyse stimmt – Analyse stimmt nicht, Gerät funktioniert – Gerät funktioniert nicht, Teil paßt – Teil paßt nicht. Sie sind daher im Vergleich zu den variablen Daten relativ unempfindlich. Bei Fehlerraten unter einem Prozent wird die Stichprobengröße, bzw. der Stichprobenumfang extrem groß, so daß eine wirtschaftliche Vorgehensweise nicht mehr gegeben ist. Außerdem erhebt sich die Frage, ob man einen Prozeß mit einer konstanten, vorhersagbaren Fehlerrate anstrebt. Wenn es um Fehler geht, möchte man möglichst wenige Fehler, und der Trend geht zu immer niedrigeren Fehlerraten, hin zu „ZERO DEFECTS". Bei einer Fragestellung nach Fehlern pro Einheit sollte eine Strichliste angelegt und eine Paretoanalyse (Kapitel 3.2) durchgeführt werden, eine Vorgehensweise nach der universellen Sequenz, wie sie im Kapitel 3 beschrieben wird. Da die Anwendung der Regelkarten für Attributivdaten in der Praxis sehr selten sinnvoll ist, wird hier auf ihre Darstellung verzichtet. Interessierten Lesern wird Wheeler, Chambers, Understanding Statistical Process Control empfohlen [34].

Regelkarten für variable Daten

Von den Regelkarten für variable Daten haben die Einzelwertkarte mit gleitender Spannweite (X_i-R_2-Karte) und die Mittelwert-Spannweitenkarte ($\overline{X}$-R-Karte) große Bedeutung erreicht. Wie angedeutet, setzt die X_i-R_2-Karte eine Normalverteilung voraus. Vergleiche haben jedoch gezeigt, daß diese Regelkarte auch bei einer Abweichung von der Normalverteilung noch ein robustes Werkzeug darstellt und für den Anwender ein wichtiges Werkzeug zur Pro-

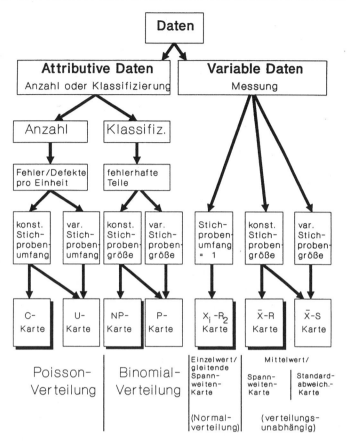

Abb. 4.10. Auswahl von Regelkarten

zeßverbesserung darstellt. Die Mittelwert-Spannweitenkarte ($\bar{X}$-R-Karte) dagegen ist verteilungsunabhängig, also nicht an eine Normalverteilung gebunden. Bei einer strengen mathematischen Betrachtung gilt dies erst ab einer Stichprobengröße $n = 10$. Für den Praktiker jedoch ist diese Unabhängigkeit von der Verteilung auch bei einer Stichprobengröße $n = 3$ gegeben. Auch hier wird auf Wheeler verwiesen, der verschiedene Verteilungen geprüft hat [34]. Da die unnatürliche Variabilität sowohl auf den Mittelwert als auch auf die Größe der Streuung einwirken kann, werden bei diesen Regelkarten immer zwei Spuren angelegt: Die Meßwertspur zeigt die Tendenz des Prozesses bzw. des Mittelwertes an. Die unnatürliche Variabilität kann den Mittelwert ansteigen lassen oder absenken. Die Spannweitenspur gibt Auskunft über das Ausmaß der Variabilität, ob diese konstant bleibt, ob sie sich erhöht oder ob sie sich verkleinert. Eine Verkleinerung der Variabilität würde eine Prozeßverbesserung andeuten, welche ebenfalls durch ein Signal (Regelverletzung) erkannt werden soll.

4.5.2.1
Einzelwertkarte mit gleitender Spannweite (X_i-R_2-Karte)

Für Prozesse mit nur einem Meßergebnis je Stichprobe wird in der Regel die Einzelwertkarte mit gleitender Spannweite (X_i-R_2-Karte) benutzt. Hierzu zählen viele Labor- und Prüfprozesse, bei denen ein Standard ständig oder von Zeit zu Zeit mit analysiert wird. Ein entsprechendes Kartenformular zeigt Abb. 4.11 und das zugehörige Formblatt zur Berechnung von Eingriffsgrenzen Abb. 4.12. In der diskontinuierlichen Produktion fallen einzelne Werte für Ausbeute und Qualität an. Hier repräsentiert eine Zahl die Ausbeute oder die Qualität des Ansatzes. Erwähnt werden soll an dieser Stelle, daß die Stichprobe den gesamten Ansatz repräsentieren muß. Auch bei der kontinuierlichen Produktion gibt es Anwendungsmöglichkeiten für die Einzelwertkarte. Dort, wo von Zeit zu Zeit Mengenströme oder Produkteigenschaften gemessen werden und diese Information durch nur eine Meßzahl ausgedrückt wird, kann die X_i-R_2-Karte zur Anwendung kommen. Hier sind aus der Vielzahl der Anwendungen nur einige Beispiele erwähnt:

- Die Ausbeute pro Charge des Vorproduktes A in Prozent der Theorie,
- die Verunreinigungen beim Wirkstoff Z in ppm pro Charge,
- die Terminabweichung in Tagen in der Kunststoffwerkstatt je Auftrag,

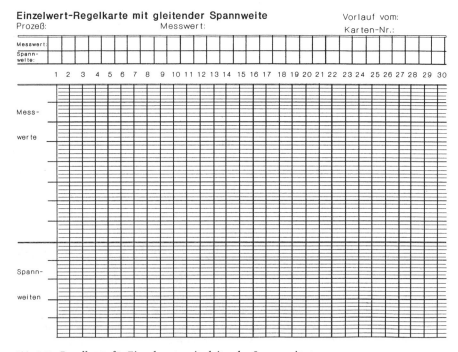

Abb. 4.11. Regelkarte für Einzelwerte mit gleitender Spannweite

Grenzen für Einzelwert-Regelkarten
mit gleitender Spannweite (2 Werte)
(Eingriffsgrenzen: 3s = 99,72%)

Mittelwert = $\bar{X}$ = _____

Mittl. Spannweite = $\bar{R}$ = _____

3s = 2,660 $\bar{R}$ = _____

OEG_{X_i} = $\bar{X}$ + 3s = _____

Mittellinie$_X$ = $\bar{X}$ = _____

UEG_{X_i} = $\bar{X}$ - 3s = _____

OEG_{R_2} = 3,268 $\bar{R}$ = _____

Mittellinie$_R$ = $\bar{R}$ = _____

1s = $\dfrac{2,66 \ \bar{R}}{3}$ = _____

2 s = _____

$\bar{X}$ + 2s = _____

$\bar{X}$ + 1s = _____

$\bar{X}$ - 1s = _____

$\bar{X}$ - 2s = _____

Prüfung auf überhöhte Grenzen:

Ist die Spannweitenkarte außer Kontrolle?

ja ☐   nein ☐

Sind 2/3 oder mehr Punkte der

Spannweiten unterhalb von $\bar{R}$?

ja ☐   nein ☐

Falls eine der Fragen mit ja beantwortet wurde, müssen revidierte Grenzen nach den folgenden Formeln ermittelt werden:

Median Spannweite: $\tilde{R}$ = _____
3s = 3,144 $\tilde{R}$ = _____

Falls 3,144 $\tilde{R}$ größer als 2,660 $\bar{R}$ ist, so ist die Verzerrung minimal und es kann auf revidierte Grenzen verzichtet werden.

$OEG_{X_{i\,rev}}$ = $\bar{X}$ + 3s = _____

$UEG_{X_{i\,rev}}$ = $\bar{X}$ - 3s = _____

$OEG_{R_{rev}}$ = 3,865 $\tilde{R}$ = _____

Mittellinie$_{R_{rev}}$ = $\tilde{R}$ = _____

Abb. 4.12. Berechnung der Eingriffsgrenzen für Einzelwerte

- die Durchlaufzeit einer Bestellung durch die Fachabteilung,
- der Schmelzflußindex des Kunststoffes, alle 5 Stunden gemessen,
- die Reinheit von Methylenchlorid der kontinuierlichen Anlage, alle 3 Stunden anhand einer Probe gaschromatographisch gemessen,
- die Nahtwurzelbreite eines längsnahtgeschweißten Edelstahlrohres, alle 6 Meter gemessen,
- die Dicke des Stahlflansches, jedes fünfzigste Teil.

Zuerst wird ein „Vorlauf" definiert, der mindestens 20, maximal 30 Stichproben umfaßt. Diesen Vorlauf kann man entweder durch Beobachten des Prozesses und Sichern der Meßergebnisse erhalten oder durch Auswerten der letzten 20 bis 30 Stichproben aus der Vergangenheit, falls der Prozeß sich seither nicht bewußt signifikant verändert hat. Dieser Vorlauf bildet die (vorläufige) Basis für die Entscheidungslinien in der Regelkarte, um zu erkennen, ob der Prozeß zusätzlich zur natürlichen auch noch über die unnatürliche Variabilität verfügt. Falls größere Datenmengen über einen längeren Zeitraum vorliegen, kann man diese mittels Regelkarten untersuchen, ob es in der Vergangenheit besonders „gute" oder besonders „schlechte" Zeitspannen oder sogenannte „Fenster" gegeben hat. Ein besonders „gutes" Fenster könnte eine Zielgröße für die Mitarbeiter darstellen. Häufig erkennt man bei den „guten" Fenstern auch solche, welche frei von unnatürlicher Variabilität sind. Dies wäre dann ein Beweis dafür, daß der Prozeß tatsächlich in der Lage ist, frei von unnatürlicher Variabilität abzulaufen. Es bestünde dann „nur" die Aufgabe, dieses ISK-Fenster auf Dauer zu erhalten. Die Untersuchung der historischen Daten mit Regelkarten sollte elektronisch erfolgen. Es gibt inzwischen genügend Softwareprogramme, welche diese Arbeit erleichtern (s. Abschn. 4.7.3). Diese Tätigkeit, auch wenn sie interessante Erkenntnisse über den Prozeß ergibt, wird üblicherweise auch als „Leichenschau" bezeichnet, da häufig keine zusätzlichen Informationen über die Ursachen der unnatürlichen Variabilität vorhanden sind. Deshalb können sich solche „ISK-Fenster" auch als sehr frustrierend herausstellen, da man, wie die Praxis oft gezeigt hat, die Ursachen zu einem späteren Zeitpunkt nur sehr schwer oder überhaupt nicht nachvollziehen kann oder unbekannt sind und bleiben.

Diese Werte werden in die Regelkarte, wie in Abb. 4.13 dargestellt, in die Zeile „Meßwert" eingetragen. Anschließend werden die gleitenden Spannweiten (R_2) ermittelt. Diese sind die absoluten Differenzen von zwei aufeinanderfolgenden Meßwerten und werden in die Zeile „Spannweiten" eingetragen. Es wird der Mittelwert der Meßwerte ($\bar{X}$) sowie der Mittelwert der gleitenden Spannweiten ($\bar{R}_2$) berechnet. (Hinweis: In diesem Beispiel beträgt die Anzahl der Meßwerte $n = 30$, die Anzahl der gleitenden Spannweiten jedoch $n = 29$!) Die Berechnung der Eingriffsgrenzen erfolgt entsprechend dem Arbeitsblatt Abb. 4.14. Der Abstand, welcher einer Wahrscheinlichkeit von 99,73 Prozent entspricht, errechnet sich aus dem Mittelwert der gleitenden Spannweiten ($\bar{R}_2$)

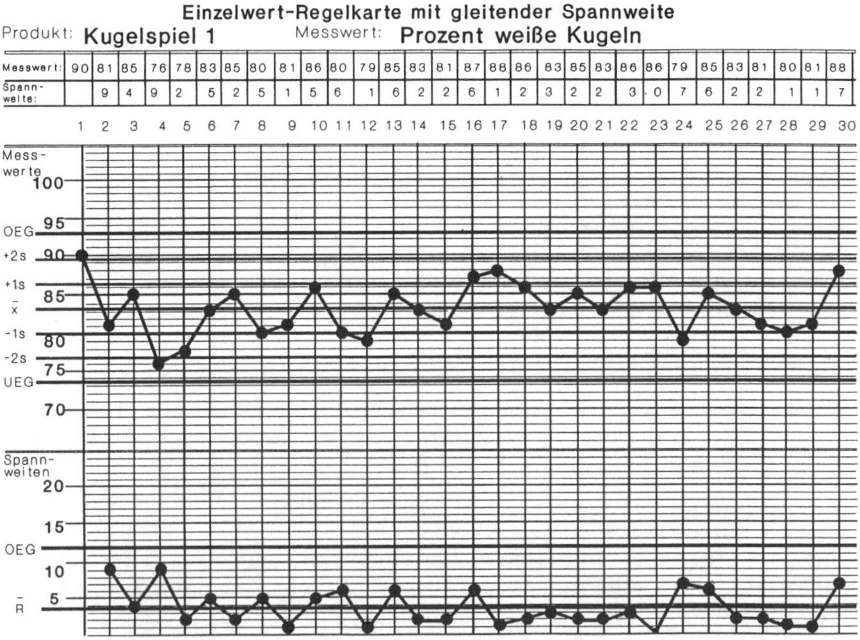

Abb. 4.13. Regelkarte für das Kugelspiel 1

multipliziert mit 2,66. Dieser Wert wird zum Mittelwert ($\bar{X}$) addiert und ergibt die obere Eingriffsgrenze (OEG_{X_i}). Die untere Eingriffsgrenze (UEG_{X_i}) erhält man, indem der Wert ($2{,}66 \times \bar{R}_2$) vom Mittelwert ($\bar{X}$) subtrahiert wird. Den Wert für die obere Eingriffsgrenze der gleitenden Spannweiten (OEG_{R_2}) erhält man durch Multiplikation von 3,268 mit $\bar{R}$.

Zunächst wird die Spannweitenspur im Regelkartenformular angelegt. Diese sollte so weit gespreizt sein, daß die obere Eingriffsgrenze im oberen Drittel der Graphik liegt. Falls Extremwerte nicht mehr in die Graphik passen, werden deren Werte mit einem Pfeil angedeutet. Waagerechte Linien werden für die obere Eingriffsgrenze (OEG_{R_2}) und dem Mittelwert der gleitenden Spannweiten ($\bar{R}_2$) eingezeichnet. Die Punkte für die Werte der gleitenden Spannweiten werden eingetragen und für die Interpretation miteinander verbunden. Anschließend erfolgt die Prüfung auf überhöhte Grenzen, entsprechend der rechten Seite des Arbeitsblattes (Abb. 4.14). Da sich der Mittelwert des Prozesses während des Verlaufs verändert haben kann, könnten sich im Vorlauf überhöhte Werte für die Spannweite ergeben haben. Dies ist der Grund für die Überprüfung und eventuelle Korrektur der Eingriffsgrenzen und deswegen wird auch zuerst die Spannweitenspur angelegt.

Falls beim Anlegen einer X_i-R_2-Karte eine Revision erforderlich wird, folgt man den Anweisungen entsprechend dem Arbeitsblatt aus Abb. 4.14. Hierbei wird nicht der Mittelwert sondern der Medianwert der gleitenden Spannweiten eingesetzt. Man ermittelt diesen Medianwert ($\widetilde{R}$), indem alle Werte der

Grenzen für Einzelwert-Regelkarten
mit gleitender Spannweite (2 Werte)
(Eingriffsgrenzen: 3s = 99,72%)

Mittelwert = $\bar{X} = \frac{2494}{30} = 83{,}13$

Mittl. Spannweite = $\bar{R} = \frac{104}{29} = 3{,}59$

$3s = 2{,}660\ \bar{R}$ $= \underline{\quad 9{,}55 \quad}$

$OEG_{X_i} = \bar{X} + 3s$ $= \underline{\quad 92{,}68 \quad}$

Mittellinie$_X$ = $\bar{X} = \underline{\quad 83{,}13 \quad}$

$UEG_{X_i} = \bar{X} - 3s$ $= \underline{\quad 73{,}58 \quad}$

$OEG_{R_2} = 3{,}268\ \bar{R}$ $= \underline{\quad 11{,}73 \quad}$

Mittellinie$_R$ = $\bar{R} = \underline{\quad 3{,}59 \quad}$

$1s = \frac{2{,}66\ \bar{R}}{3} = 3{,}18$ $\bar{X} + 2s = \underline{\quad 89{,}49 \quad}$

$2s = \underline{\quad 6{,}36 \quad}$ $\bar{X} + 1s = \underline{\quad 86{,}31 \quad}$

$\bar{X} - 1s = \underline{\quad 79{,}95 \quad}$

$\bar{X} - 2s = \underline{\quad 76{,}77 \quad}$

Prüfung auf überhöhte Grenzen:

Ist die Spannweitenkarte außer Kontrolle?

ja ☐   nein ☒

Sind 2/3 oder mehr Punkte der Spannweiten unterhalb von $\bar{R}$?

ja ☐   nein ☒

Falls eine der Fragen mit ja beantwortet wurde, müssen revidierte Grenzen nach den folgenden Formeln ermittelt werden:

Median Spannweite: $\tilde{R} = \underline{\quad\quad}$
$3s = 3{,}144\ \tilde{R}$ $= \underline{\quad\quad}$

Falls 3,144 $\tilde{R}$ größer als 2,660 $\bar{R}$ ist, so ist die Verzerrung minimal und es kann auf revidierte Grenzen verzichtet werden.

$OEG_{X_{i\ rev}} = \bar{X} + 3s = \underline{\quad\quad}$

$UEG_{X_{i\ rev}} = \bar{X} - 3s = \underline{\quad\quad}$

$OEG_{R_{2rev}} = 3{,}865\ \tilde{R} = \underline{\quad\quad}$

Mittellinie$_{R\ rev} = \tilde{R} = \underline{\quad\quad}$

Abb. 4.14. Beispiel zur Berechnung der Eingriffsgrenzen

Größe nach sortiert werden und anschließend der Wert der Rangfolge-Mitte ermittelt wird. Bei einer geraden Zahl von Spannweiten erhält man zwei mittlere Rangfolge-Werte. Man errechnet den Mittelwert dieser Werte und benutzt ihn als Median.

Nun wird die Meßwertspur angelegt, indem waagerechte Linien für die Eingriffsgrenzen (OEG_{X_i}, UEG_{X_i}), den Mittelwert ($\overline{X}$) sowie die ± 2 s- und ± 1 s-Werte eingezeichnet werden. Auch hier sollte die Skala soweit gespreizt werden, daß möglichst zwei Drittel der Graphik zwischen den Eingriffsgrenzen liegen. Eventuell auftretende Extremwerte, welche dann außerhalb der Graphik liegen, werden mit einem Pfeil angedeutet. Im Kapitel 6 ist bei den Beispielen in Abb. 6.9 eine solche Regelkarte für die Bestimmungsmethode des freien Cyanids abgebildet.

Die Punkte der Spannweiten (R_2) und der Meßwerte (X_i) werden für die Interpretation mit einer geraden Linie verbunden. Hierzu dienen die statistischen Regeln, entsprechend den Abb. 4.15 und 4.16.

Die angeführten Regeln entsprechen einer Wahrscheinlichkeit von ca. 99,73 Prozent. Man kann dies leicht an Hand eines Beispiels überprüfen: Acht Werte auf einer Seite des Mittelwertes entspricht einer Wahrscheinlichkeit von $1:2^8$, also $1:256$, d.h. 0,00390625. Dies bedeutet, die Wahrscheinlichkeit, daß acht aufeinanderfolgende Werte auf einer Seite des Mittelwertes liegen, beträgt 0,39 Prozent. Bei ± 3 s beträgt die Restwahrscheinlichkeit 0,27 Prozent. Die Ableitungen der Restwahrscheinlichkeiten der übrigen Re-

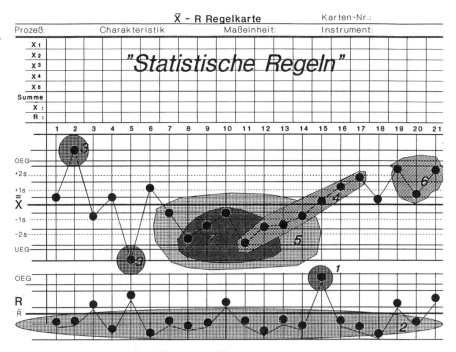

Abb. 4.15. Statistische Regeln, Erklärung in Abb. 4.16

Für Spannweitenspur R:

Ein Punkt (oder mehr) außerhalb der OEG_R **(1)**
Zwei Drittel der Punkte unterhalb von $\bar{R}$ **(2)**

Für Meßwertspur X bzw. $\bar{X}$:

Ein Punkt oder mehrere Punkte außerhalb
von OEG oder UEG (außerhalb von +/- 3s) **(3)**

Sieben oder mehr aufeinanderfolgende Punkte
steigend oder fallend: Trend **(4)**

Acht oder mehr aufeinanderfolgende Punkte
auf einer Seite von $\bar{X}$ bzw. $\bar{X}$: Verschiebung **(5)**

Mindestens zwei von drei aufeinanderfolgenden Punkten
außerhalb von (+/-2s) 2/3 von OEG oder UEG **(6)**

Mindestens vier von fünf aufeinanderfolgenden Punkten
außerhalb von (+/-1s) 1/3 von OEG oder UEG **(7)**

Trifft eine der obengenannten Bedingungen zu, so ist der
Prozeß nicht in statistischer Kontrolle (NISK)
und es müssen die speziellen Ursachen gefunden werden

Zusätzliche Prüfungen:

Liegt ein Ablesefehler vor?
Liegt ein Eintragungsfehler vor?
Liegt ein Übertragungsfehler vor?

Abb. 4.16. Statistische Regeln zu Abb. 4.15; die in Klammern gesetzten Zahlen beziehen sich auf Kennzeichnung in Abb. 4.15

geln ist bei [55, Seite 180: F-23 Calculation of tests for unnatural patterns] nachzulesen. Bei der Anwendung dieser Regeln ist immer auf diese Restwahrscheinlichkeit zu achten.

Der Praktiker ist sich bewußt, daß in seltenen Fällen auf Grund der Restwahrscheinlichkeit ein Fehlalarm auftritt: Bei 1000 Regelverletzungen nur etwa viermal. Wird dies nicht beachtet, wird in diesen seltenen Fällen nach der Ursache für die unnatürliche Variabilität gefragt, obwohl keine Ursache vorhanden ist.

Es sei an dieser Stelle ausdrücklich betont, daß diese Regeln nicht empirisch abgeleitet sind oder bestimmten Firmenrichtlinien entstammen.

Beim Auftreten auch nur einer Regelverletzung wird für den Praktiker das Vorhandensein von unnatürlicher Variabilität angezeigt. Das oben erwähnte Restrisiko führt lediglich dazu, daß sehr selten nach Ursachen für unnatürliche Variabilität gefragt wird, wenn tatsächlich keine vorhanden sind. Die am Prozeß beteiligten Personen ermitteln die Ursachen entsprechend Abb. 4.9. Nach dem Anlegen des Vorlaufs werden die Grenzen extrapoliert und für die zukünftige Prozeßüberwachung verwendet. Bei jeder neuen Stichprobe wird der Meßwert vom Prozeß und die sich ergebende gleitende Spannweite in die Regelkarte eingetragen und das Bild sofort auf die statistischen Regeln überprüft, ob der Prozeß sich, gegenüber dem Vorlauf geändert hat, d. h. ob zusätzlich zur natürlichen auch noch unnatürliche Variabilität vorhanden ist. Somit kommt es bei den Bedienern des Prozesses ständig zu der Frage: Verfügt der Prozeß zusätzlich zur natürlichen auch noch über die unnatürliche Variabilität, wenn ja, welche Ursachen können dafür existieren? Ferner werden alle Beobachtungen, welche einen Einfluß auf den Prozeß ausüben könnten, in die Regelkarte eingetragen. Falls diese Beobachtung die Ursache für die Prozeßänderung war, wird die Regelkarte dies anzeigen. Auch wenn sich anschließend keine Beziehung oder Korrelation zwischen der Beobachtung und dem Prozeßverhalten herausstellt, ist dies eine wertvolle Information. Häufig empfiehlt es sich, mehrere zeitlich aufeinanderfolgende Regelkartenformulare zusammen zu betrachten, indem man diese zusammenklebt. Manche Anwender stellen sich ihre Formulare auch speziell für ihre Bedürfnisse her, z. B. für 60 oder mehr Stichproben. Im Gegensatz dazu werden manchmal die hier gezeigten DIN A4 Formulare einzeln verwendet und die Grenzen für jedes Formular neu berechnet. Das betrachtete Fenster des Prozesses ist dann sehr schmal, es geht häufig viel Information verloren und langsam auftretende Änderungen, Zyklen sowie seltene, jedoch wiederkehrende Ereignisse werden dann nicht oder nur sehr schwer erkannt. Daß ein solches Vorgehen in manchen Veröffentlichungen empfohlen wird, ist daher unverständlich.

4.5.2.2
Mittelwert- und Spannweitenkarte ($\bar{X}$-R-Karte)

Bei manchen Prozessen empfiehlt sich, eine Stichprobe mit mehreren Einzelmessungen durchzuführen. Bei der Herstellung von Verpackungsfolie interessiert z. B. das Gewicht pro Fläche, g/dm^2. Bei einer Folienbreite von z. B. sieben Metern variiert dieses Gewicht pro Fläche sicherlich über die Breite. Falls diese Variabilität über die Breite V_b der Variabilität über die Zeit V_z ähnelt, kann V_b als Maß für die Variabilität über die Zeit angenommen werden. Man könnte in bestimmten Zeitabständen eine Stichprobe ($n = 5$) mit fünf Einzelmessungen über die Breite verteilt vornehmen. Dies ist ein typischer, kontinuierlicher Prozeß für eine Mittelwertkarte. Bei einem Abfüllprozeß für Kunstharze werden von einem Abfüllautomaten pro Stunde ca. 100 Säcke je 25 kg Inhalt gefüllt. Alle zwei Stunden werden z. B. 5 aufeinanderfolgende Säcke auf einer separaten, geeichten Waage nachgewogen. In diesen Fällen wird die beobachtete Variabilität während der Stichprobennahme als Basis für die Zeit herangezogen. Dies setzt voraus, daß die Variabilität während der Stichprobe nicht wesentlich kleiner ist, als die Variabilität über die Zeit. Die Mittelwerte geben Auskunft über die Tendenz des Prozesses. Die Spannweite innerhalb der Stichprobe gibt Information über die Breite der Streuung des Prozesses, wobei die Stichprobengröße konstant gehalten wird.

Es wurden in der Metallindustrie spanabhebende Prozesse beobachtet, welche innerhalb der Stichprobe nur über eine sehr kleine Variabilität verfügten, über die Zeit jedoch größere Mittelwertschwankungen zeigten. In diesen Fällen ist dann die Einzelwertkarte mit gleitender Spannweite sinnvoller, da nicht die Variabilität einer sehr kurzen Betrachtungszeit als Basis herangezogen wird, sondern hier die Variabilität zwischen den Stichproben mit in die Berechnung eingeht. Ferner wurde häufig beobachtet, daß in diesen Fällen eine sehr hohe, positive Korrelation zwischen den einzelnen Messungen besteht. Interessante Konsequenz war der Verzicht auf die Mehrfachmessung und das stark vereinfachte Führen der Einzelwertkarte mit gleitender Spannweite.

In manchen Fällen verfügt das Meßsystem nicht über eine ausreichende Präzision und eine Mehrfachmessung ist unverzichtbar, wobei dann der Mittelwert der Messungen als Einzelwert in eine Einzelwertkarte mit gleitender Spannweite eingetragen wird. Bei der Auswahl der Regelkarte sollte immer überlegt werden, welche Variabilitäten *innerhalb* und welche Variabilitäten *zwischen* den Stichproben auftreten können.

In Abb. 4.17 ist ein leeres Formular für die $\bar{X}$-R-Karte und in Abb. 4.18 ein leeres Arbeitsblatt zur Berechnung der entsprechenden Eingriffsgrenzen dargestellt. Bei der $\bar{X}$-R-Karte werden die Einzelwerte der Stichprobe untereinander in das Regelkartenformular, wie in Abb. 4.19 gezeigt, eingetragen, die Summe für jede Stichprobe gebildet und daraus der Mittelwert der Stichprobe sowie die Spannweite (Differenz der Extremwerte) der Stichprobe ermittelt. Nach mindestens 20, maximal 30 Stichproben werden der große Mit-

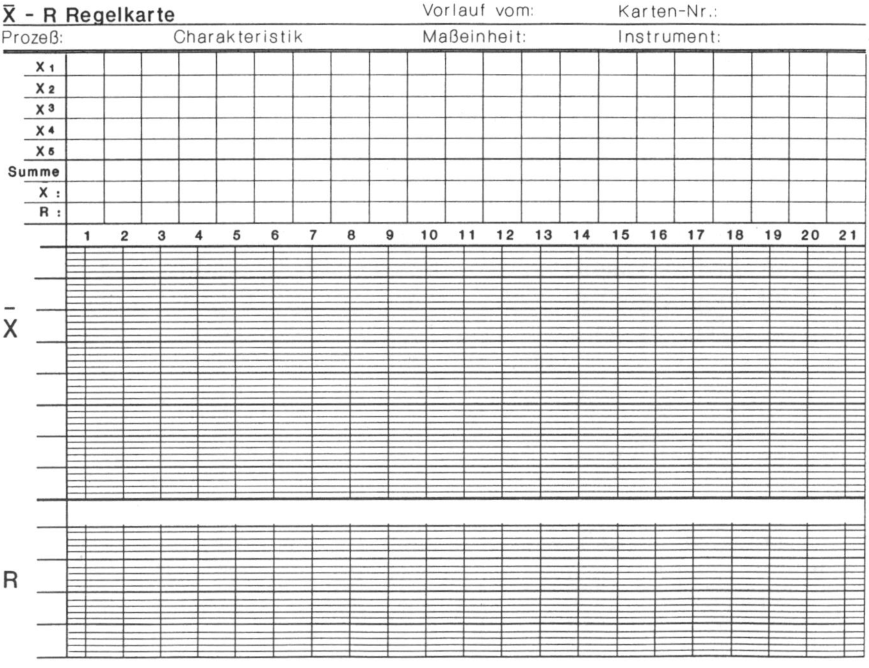

Abb. 4.17. Mittelwert-Spannweitenregelkarte

Grenzen für $\overline{X}$-R Regelkarten   (Eingriffsgrenzen: 3s = 99,72%)

Stichprobengröße: n = _____ $OEG_{\overline{X}}$ = $\overline{\overline{X}}$ + $A_2\overline{R}$ = _____   Faktoren für $\overline{R}$:

Mittelwert: $\overline{\overline{X}}$ = _____   Mittellinie $\overline{X}$ = $\overline{\overline{X}}$ = _____

Mittl. Spannweite: $\overline{R}$ = _____ $UEG_{\overline{X}}$ = $\overline{\overline{X}}$ - $A_2\overline{R}$ = _____

multipliziere $\overline{R}$ mit A_2 = _____ OEG_R = $D_4\overline{R}$ = _____

$(\overline{R}\ A_2 \cdot {}^{\cdot}3s^{\cdot})$ 2s = _____ 1s = _____   Mittellinie R = $\overline{R}$ = _____

A_2	n	D_4
1.880	2	3.268
1.023	3	2.574
0.729	4	2.282
0.577	5	2.114
0.483	6	2.004

Prüfung auf überhöhte Grenzen:

Ist die Spannweitenkarte außer Kontrolle? ja☐ nein☐

sind 2/3 oder mehr Punkte der
Spannweiten unterhalb von $\overline{R}$? ja☐ nein☐

A_4	n	D_6	d_2	d_4
2.224	2	3.865	1.128	0.954
1.091	3	2.745	1.693	1.588
0.758	4	2.375	2.059	1.978
0.594	5	2.179	2.326	2.257
0.495	6	2.055	2.534	2.472

Falls eine der Fragen mit ja beantwortet wurde,
müssen revidierte Grenzen nach den folgenden
Formeln ermittelt werden:

Falls $A_4\overline{R}$ größer als $A_2\overline{R}$ ist,
so ist die Verzerrung minimal
und es kann auf reduzierte
Grenzen verzichtet werden

Falls Mittelwerte und
Spannweiten beide in
Kontrolle sind, kann
die Standardabweichung
ermittelt werden:

Median Spannweite: = $\overline{R}$ = _____

multipliziere $\overline{R}$ mit A_4: = _____

$OEG_{\overline{X}_{rev}}$ = $\overline{\overline{X}}$ + $A_4\overline{R}$ = _____

$UEG_{\overline{X}_{rev}}$ = $\overline{\overline{X}}$ - $A_4\overline{R}$ = _____

$OEG_{R_{rev}}$ = $D_6\overline{R}$ = _____

Mittelwert$_{R_{rev}}$ = $\overline{R}$ = _____

$\overline{X}$ + 2s = _____

$\overline{X}$ + 1s = _____

$\overline{X}$ - 1s = _____

$\overline{X}$ - 2s = _____

$\hat{s}$ = $\overline{R}/d_2$ oder: $\hat{s}$ = $\overline{R}/d_4$

1$\hat{s}$ = _____ 3$\hat{s}$ = _____

$ONPG$ = $\overline{\overline{X}}$ + 3$\hat{s}$ = _____

$UNPG$ = $\overline{\overline{X}}$ - 3$\hat{s}$ = _____

Abb. 4.18. Berechnung der Eingriffsgrenzen

telwert ($\overline{\overline{X}}$) und der Mittelwert der Spannweiten ($\overline{R}$) berechnet. Zur Berechnung der Eingriffsgrenzen wird für dieses Beispiel das Arbeitsblatt aus Abb. 4.20 verwendet. Hier werden die Stichprobengröße, der Mittelwert ($\overline{\overline{X}}$) und der Mittelwert der Spannweiten ($\overline{R}$) eingetragen. Der Faktor A2 hängt von der Stichprobengröße ab und wird aus der Tabelle „Faktoren für $\overline{R}$" (Abb. 4.20) entnommen und mit $\overline{R}$ multipliziert. Dies ist der Abstand der Mittelwerte, welcher einer Wahrscheinlichkeit von 99,73 Prozent entspricht. Dieser Wert wird zum Mittelwert addiert und vom Mittelwert ($\overline{\overline{X}}$) subtrahiert und man erhält so die Eingriffsgrenzen ($OEG_{\overline{X}}$, $UEG_{\overline{X}}$) für die Mittelwerte. Die obere Eingriffsgrenze für die Spannweiten (OEG_R) ergibt sich aus dem Faktor D4 (aus der Tabelle in Abb. 4.20) multipliziert mit dem Mittelwert der Spannweiten ($\overline{R}$). Wie bei der Einzelwertkarte wird auch hier zuerst die Spannweitenspur in der Mittelwert-Spannweitenkarte erstellt, indem die Skala festgelegt wird, die Linien für den Mittelwert der Spannweiten und die obere Eingriffsgrenze für die Spannweiten eingezeichnet werden. Die entsprechenden Punkte der Spannweiten werden eingezeichnet und verbunden. Auch hier erfolgt die Überprüfung auf überhöhte Grenzen unter Zuhilfenahme des Arbeitsblattes (Abb. 4.20). Entsprechend diesem Ergebnis wird dann die Skala für die Mittelwerte festgelegt und die Eingriffsgrenzen für die Mittelwerte und der große Mittelwert ($\overline{\overline{X}}$) eingezeichnet. Auch hier werden die (± 1 s) 1/3 und (± 2 s) 2/3 Abstände von den Eingriffsgrenzen eingezeichnet. Die Interpretation des Vorlaufs erfolgt wie bei der Einzelwertkarte mit den sieben statistischen Regeln

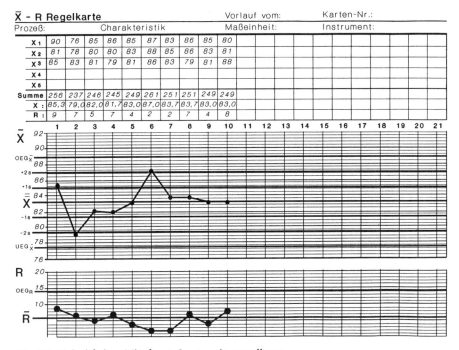

Abb. 4.19. Beispiel einer Mittelwert-Spannweitenregelkarte

aus den Abb. 4.15 und 4.16. Weiterhin gelten die Bemerkungen zur Einzelwertkarte [33–35, 55, 56].

Beim Beispiel aus den Abb. 4.19 und 4.20 wurden für den Vorlauf nur zehn (!) Stichproben verwendet. Es wurde hier lediglich die Vorgehensweise vorgestellt, dem Anwender wird empfohlen, mindestens 20 Stichproben zugrunde zu legen.

In manchen Anwendungen findet man die Mittelwertkarte anstelle zusammen mit der Spannweitenkarte in Verbindung mit der Karte für Standardabweichungen. In diesen Fällen wird für die einzelne Stichprobe die Standardabweichung nach der allgemeinen Formel

$$s = \sqrt{\frac{\Sigma\,(\overline{X}-X_i)^2}{n-1}} \tag{4.1}$$

berechnet. Der Mittelwert der Standardabweichungen der Stichproben wird dann für die Berechnung der Eingriffsgrenzen verwendet. Diese Karte erfordert im Vergleich zur Spannweitenkarte einen etwas höheren Aufwand. Außerdem ist die Plausibilitätsprüfung nicht so einfach wie bei der Spannweitenkarte. Hinzu kommt ein weiterer Nachteil aus der praktischen Anwendung. Die Spannweitenspur gibt Auskunft über die Präzision des verwendeten Meßverfahrens, welche die Karte für Standardabweichungen nicht enthält. Abb. 4.21 zeigt ein Beispiel in Form der Einzelwertkarte. Die Punkte in der

Grenzen für $\overline{X}$-R Regelkarten   (Eingriffsgrenzen: 3s = 99,72%)

Stichprobengröße: n = __3__ $OEG_{\overline{X}}$ = $\overline{\overline{X}}$ + $A_2\overline{R}$ = __88,76__   Faktoren für $\overline{R}$:

Mittelwert: $\overline{\overline{X}}$ = __83,13__   Mittellinie $\overline{X}$ = $\overline{\overline{X}}$ = __83,13__

Mittl. Spannweite: $\overline{R}$ = __5,5__ $UEG_{\overline{X}}$ = $\overline{\overline{X}}$ - $A_2\overline{R}$ = __77,50__

multipliziere $\overline{R}$ mit A_2 = __5,63__ OEG_R = $D_4\overline{R}$ = __14,15__

$(R\ A_2 = {}^.3s^.)$ 2s = __3,75__   1s = __1,88__   Mittellinie$_R$ = $\overline{R}$ = __5,5__

A_2	n	D_4
1.880	2	3.268
(1.023)	(3)	(2.574)
0.729	4	2.282
0.577	5	2.114
0.483	6	2.004

Prüfung auf überhöhte Grenzen:

Ist die Spannweitenkarte außer Kontrolle?   ja ☐   nein ☒

sind 2/3 oder mehr Punkte der
Spannweiten unterhalb von $\overline{R}$?   ja ☐   nein ☒

A_4	n	D_6	d_2	d_4
2.224	2	3.865	1.128	0.954
1.091	3	2.745	1.693	1.588
0.758	4	2.375	2.059	1.978
0.594	5	2.179	2.326	2.257
0.495	6	2.055	2.534	2.472

Falls eine der Fragen mit ja beantwortet wurde,
müssen revidierte Grenzen nach den folgenden
Formeln ermittelt werden:

Median Spannweite: = $\tilde{R}$ = _____   Falls $A_4\tilde{R}$ größer als $A_2\overline{R}$ ist,
so ist die Verzerrung minimal

multipliziere $\tilde{R}$ mit A_4 = _____   und es kann auf reduzierte

$OEG_{\overline{X}_{rev}}$ = $\overline{\overline{X}}$ + $A_4\tilde{R}$ = _____   Grenzen verzichtet werden

$UEG_{\overline{X}_{rev}}$ = $\overline{\overline{X}}$ - $A_4\tilde{R}$ = _____ $\overline{\overline{X}}$ + 2s = __86,88__

$OEG_{R_{rev}}$ = $D_6\tilde{R}$ = _____ $\overline{\overline{X}}$ + 1s = __85,01__

                        $\overline{\overline{X}}$ - 1s = __81,25__

Mittelwert$_{R_{rev}}$ = $\tilde{R}$ = _____ $\overline{\overline{X}}$ - 2s = __79,38__

Falls Mittelwerte und
Spannweiten beide in
Kontrolle sind, kann
die Standardabweichung
ermittelt werden:

$\hat{s}$ = $\overline{R}/d_2$ oder $\hat{s}$ = $\overline{R}/d_4$

1$\hat{s}$ = _____   3$\hat{s}$ = _____

$ONPG$ = $\overline{\overline{X}}$ + 3$\hat{s}$ = _____

$UNPG$ = $\overline{\overline{X}}$ - 3$\hat{s}$ = _____

Abb. 4.20. Beispiel zur Berechnung der Eingriffsgrenze

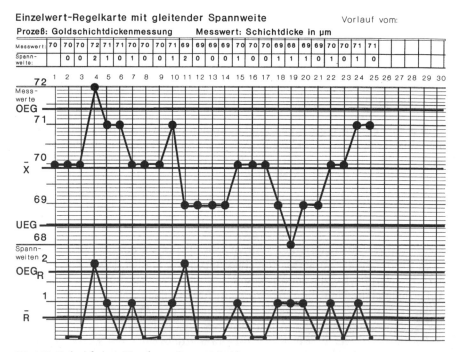

Abb. 4.21. Beispiel einer Einzelwert-Spannweitenkarte

Spannweitenspur liegen auf nur wenigen Niveaus. Das Meßverfahren kann nicht präziser unterscheiden. Es sollten mindestens fünf Niveaus unterhalb der oberen Eingriffsgrenze der Spannweiten liegen. Trifft dies nicht zu, so sind die statistischen Regeln mit Vorsicht anzuwenden. Diese Information liefert die Karte für Einzelwerte mit gleitender Spannweite (X_i-R_2-Karte) und die Mittelwertkarte mit der Spannweite ($\overline{X}$-R-Karte), jedoch nicht die Karte für Standardabweichungen.

4.6
Prozeßverbesserungen durch SPC

Die im Vorlauf ermittelten Eingriffsgrenzen, Mittelwerte sowie $\pm 1\,s$ und $\pm 2\,s$ Abstände werden extrapoliert und für die weitere Prozeßverfolgung verwendet. Wird die Produktion mit diesem Prozeß vorübergehend eingestellt, wird die Regelkarte aufgehoben und bei der nächsten Kampagne weiter benutzt. Dann wird die frühestmögliche, erste Stichprobe in die Regelkarte eingetragen, um festzustellen, ob der Prozeß so fortgeführt wird, wie er bei der letzten Kampagne unterbrochen wurde. So reiht sich Kampagne an Kampagne, auch wenn in der Anlage zwischendurch ein anderes Produkt oder auf der Maschine zwischendurch ein Artikel mit anderen Abmessungen hergestellt wurde. Durch die ständige Anwendung der statistischen Regeln wird dieser Prozeß laufend auf An- bzw. Abwesenheit der unnatürlichen Variabilität geprüft. Auf diese Weise kann eine vom Kunden geforderte und erwartete Kontinuität gewährleistet werden.

Bei der Einführung der SPC stellt man häufig fest, die Prozesse sind NISK, sie sind nicht vorhersagbar und verfügen zusätzlich über die unnatürliche Variabilität. Wird entsprechend der Übersicht in Abb. 4.9 vorgegangen, werden die Prozeßbeteiligten durch konzentriertes Beobachten und Untersuchen des Prozesses, in Teamarbeit und mit Unterstützung von Spezialisten die Ursachen für die unnatürliche Variabilität finden, diese eliminieren und irgendwann einen ISK-Prozeß erreichen. In manchen Fällen konnten die Ursachen für die unerwünschte unnatürliche Variabilität auch durch die Anwendung der universellen Sequenz ermittelt werden.

Bei einem fähigen, wirklich vorhersagbaren, konstanten Prozeß, der frei von unnatürlicher Variabilität ist, können häufig Systemänderungen vorgenommen werden, welche gleichzeitig zu Kosteneinsparungen führen. So werden Umarbeiten, Nacharbeiten, Korrekturen und Reklamationen hinfällig, da sie nicht mehr erforderlich sind. Es wird keine Qualität mehr erprüft, sondern es wird Qualität hergestellt. Bei Prozessen mit kleinen, diskreten Teilen kann die Zeit zwischen den Stichproben verlängert werden, d.h. der Prüf- oder Meßaufwand kann reduziert werden. Liegen die Karten als Dokumente eines fähigen ISK-Prozesses vor, ist eine zusätzliche Prüfung mittels einer Stichprobe im Anschluß an die Produktion nicht mehr nötig. Folgen mehrere Prozesse aufeinander, so kann die Durchlaufzeit des Materials oder die Zykluszeit wesentlich verkürzt werden. Da keine Beanstandungen durch die Qualitätssicherung mehr auftreten, weil keine mangelhafte Qualität mehr produziert wird, ist eine geringere Lagerhaltung möglich bei gleichzeitig

verbesserter Termineinhaltung. Bei einem NISK-Prozeß können, trotz Stichprobenprüfung nach der Produktion, nicht-spezifikationsgerechte Teile zur
Auslieferung kommen. Bei einem fähigen ISK-Prozeß ist dagegen die Wahrscheinlichkeit sehr gering, daß nicht-spezifikationsgerechte Teile zur Auslieferung gelangen, denn auch die zwischen den Stichproben produzierte Ware
wird mit der entsprechenden Wahrscheinlichkeit die Variabilität der unter-
suchten Teile der Stichprobe aufweisen. Diese dokumentierte Gewißheit
kann im herkömmlichen System nur mit einer nachträglichen, vollständigen
(100 Prozent) Prüfung erreicht werden, welche entsprechend hohe Kosten
verursacht.

4.6.1
Bedeutung der Meß- und Prüfverfahren

Durch diese konsequente Vorgehensweise wird die Funktion der Qualitätssicherung wesentlich geändert. Bei fähigen ISK-Prozessen wird eine regelmäßige Qualitätsprüfung nach der Produktion durch die unabhängige Abteilung entfallen. Es liegen die Regelkarten als Qualitätsdokumente bereits vor.
Die geänderten oder verbleibenden Aufgaben der Qualitätssicherung sind
dann die Weiterentwicklung der Prüfmethoden und die Wartung und Instandhaltung der Meß- und Prüfeinrichtungen, wobei diese Tätigkeiten ebenfalls durch Einsatz von SPC optimiert werden können.

Eine wesentliche Aufgabe der Qualitätssicherung unter dem Aspekt der statistischen Prozeßkontrolle ist die Untersuchung der Meß- und Prüfmittel im
Hinblick auf

- die An- oder Abwesenheit der unnatürlichen Variabilität und
- die Fähigkeit des Meß- oder Prüfverfahrens.

Hier sollte statt Meß- und Prüfverfahren besser von den Meß- und Prüfprozessen gesprochen werden, wobei die Stichprobennahme, sowie die Meß- oder
Probenvorbereitung mit in diese Betrachtung einfließen.

Da alle Prozesse den Alterungsprozessen unterliegen, sind auch die Meß-
und Prüfverfahren davon betroffen. Die Validierung oder auch das Eichen
mag eine sinnvolle Tätigkeit darstellen. Diese garantieren jedoch nicht, daß
im Anschluß daran die unnatürliche Variabilität für immer besiegt ist. Da
nicht vorhergesagt werden kann, wann sie auftritt und in welchem Ausmaß,
wäre ein Frühwarnsystem nach dem Eichen oder Validieren sehr hilfreich.
Hier bietet sich die statistische Prozeßkontrolle an. Ferner sollte, wie in
Abb. 4.22 dargelegt, die Variabilität des Meßverfahrens V_m kleiner sein als die
Variabilität des Prozesses V_p. Ideal wäre das Verhältnis eins zu zehn, also
$V_m : V_p = 1:10$. Die Variabilität des Meßverfahrens sollte also nur zehn Prozent
der Variabilität des Prozesses betragen. Dies ist in der Praxis leider selten der
Fall. Im Gegenteil, die Variabilität der Meßverfahren V_m ist häufig so groß wie
die Variabilität der Prozesse V_p. Dies ist erklärbar, wenn man daran denkt,
daß die Produkte zu einem bestimmten Zeitpunkt erfunden bzw. entwickelt
wurden und zur gleichen Zeit auch manche der Meßverfahren. Aufgrund von
Konkurrenzentwicklungen und Forderungen der Kunden wurden in der Fol-

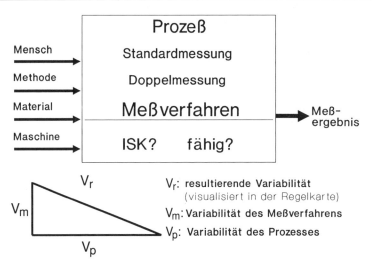

Abb. 4.22. Bedeutung der Meßverfahren

gezeit zwar die Prozesse verbessert, d.h. deren Schwankungsbreite verringert, die Meßverfahren hingegen wurden einmal festgelegt und nicht im gleichen Maß fortentwickelt.

Die Qualitätssicherung hat demnach die Aufgabe, dafür zu sorgen, daß

- die verwendeten Meß- und Prüfverfahren ISK sind und
- die verwendeten Meß- und Prüfverfahren, im Hinblick auf die Variabilität der Prozesse fähig sind.

4.6.2
Der Prozeß als Gesamtsystem

Wie in Abb. 4.22 dargestellt, setzt sich die Variabilität, welche in der Regelkarte erkennbar ist (V_r), aus der Variabilität des Prozesses V_p und der Variabilität des Meßverfahrens V_m zusammen:

$$V_r = \sqrt{V_m^2 + V_p^2}. \tag{4.2}$$

Will man die Variabilität des Prozesses alleine beschreiben, so muß diese aus der Formel berechnet werden:

$$V_p = \sqrt{V_r^2 - V_m^2}. \tag{4.3}$$

Dieser Zusammenhang hat für den Praktiker, welcher den Prozeß führt, große Bedeutung, denn daraus können sich gewisse Konsequenzen ergeben. Bei der Suche nach den Ursachen für die unnatürliche Variabilität sollte man die Meß- oder Prüfmethode nie außer Acht lassen, insbesondere dann, wenn gilt $V_m : V_p > 1:10$.

Nicht selten liegt die Ursache für die in der Regelkarte angezeigte unnatür-liche Variabilität im Meß- oder Prüfverfahren begründet. Trifft dies zu, so müßte die Korrektur zur Entfernung der unnatürlichen Variabilität zunächst beim Meß- oder Prüfverfahren erfolgen. Die Folgerung daraus wäre, zusätz-lich zum Überwachen des Prozesses anhand von Regelkarten den Meß- oder Prüfprozeß mit Regelkarten zu überprüfen. Für Messungen und Prüfungen, die in der eigenen Abteilung durchgeführt werden, ist diese Forderung einfach zu erfüllen, schwieriger könnte sich diese Vorgehensweise bei funktionsüber-greifender Organisation gestalten, wenn die Messung oder Prüfung in einer getrennten Spezialabteilung erfolgt. Ein Beispiel ist die Cyanid-Bestimmung im Abwasser (Kap. 6). Die Abwasserreinigung erfolgt in der Abwasserreini-gungsanlage, die Analyse jedoch wird im analytischen Labor durchgeführt.

Ein weiterer Aspekt bei der Betrachtung des Prozesses anhand der Regel-karte ergibt sich durch die Variabilität der Meß- und Prüfverfahren. Darf die in der Regelkarte sichtbar gewordene Prozeßänderung durch einen Eingriff in den Prozeß korrigiert werden? Man könnte hier auch fragen, Eingriff in wel-chen Prozeß? Diese Frage kann nur dann richtig beantwortet werden, wenn die Regelkarte für den Meß- oder Prüfprozeß bestätigt, daß dieser fähig und ISK ist. Die Kombination der Regelkarten gibt Auskunft über die richtige Vorge-hensweise.

Bei der Beurteilung der Meß- oder Prüfergebnisse muß immer die Größe der natürlichen Variabilität berücksichtigt werden. Es können unter Nicht-berücksichtigung zwei Bewertungsfehler auftreten. Das rechte Beispiel in Abb. 4.23 zeigt ein Meßergebnis, welches innerhalb der Spezifikationen liegt. Angenommen, es treten in einem Jahr einhundert Werte von 99,85 auf (Fall B in der Abbildung). Es wird angenommen, daß alle diese Werte innerhalb der Spezifikationen liegen. Auf Grund der Schwankungsbreite des Meßverfahrens werden jedoch ungefähr acht dieser Werte in Wirklichkeit einen wahren Wert von 100,0 oder größer aufweisen und somit z.T. außerhalb der Spezifikationen liegen. Dies könnte zu berechtigten Reklamationen des Kunden führen. Dieser mögliche Fehler wird umso größer, je größer die natürliche Variabilität des Meßverfahrens ist, und je weiter sich der gemessene Wert der Spezifikations-grenze nähert.

Eine andere, jedoch ähnliche Situation ist im linken Beispiel der Abb. 4.23 dargestellt (Fall A). Dort liegt das Meßergebnis außerhalb der Spezifikationen. Treten in einem Jahr einhundert Werte von z. B. 98,85 auf, so wird angenommen, alle Werte liegen außerhalb der Spezifikationen und es wird nachgearbeitet, eventuell verworfen und entsorgt, wodurch Kosten und Verzögerungen entste-hen. In Wirklichkeit liegen ungefähr acht dieser Werte innerhalb der Spezifika-tionen und ein Nacharbeiten oder Verwerfen war in diesen Fällen nicht erfor-derlich. Dieser mögliche Fehler wird umso größer, je größer die natürliche Va-riabilität des Meßverfahrens ist und je weiter sich der gemessene Wert der Spezifikationsgrenze nähert. Mit den bekannten Regeln der Statistik kann für die aufgeführten Fälle die Fehlerwahrscheinlichkeit berechnet werden.

Dieser Zusammenhang zwischen den Meß- und Prüfverfahren sollte nicht überbewertet werden. Es sollte nicht die Konsequenz gezogen werden, daß man mit der statistischen Prozeßkontrolle beim Fertigungsprozeß nicht zu be-

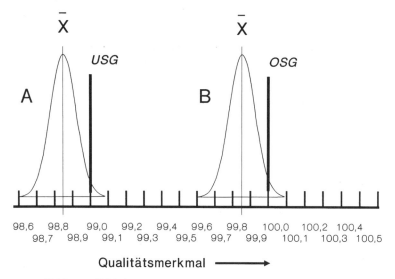

Abb. 4.23. Meßfehlermöglichkeiten

ginnen braucht, weil der Meßprozeß NISK ist. Eine parallele Vorgehensweise hat sich in der Praxis sehr bewährt.

Bei der langfristigen Anwendung der Regelkarten stellt sich die Frage, wann die Eingriffsgrenzen neu berechnet werden dürfen. Aus der Praxis heraus haben sich folgende Bedingungen ergeben, welche gleichzeitig erfüllt sein müssen:

- Die Änderung ist positiv.
- Die Ursache für die Änderung ist bekannt.
- Vorsorge ist getroffen, daß die Änderung von Dauer ist.
- Mindestens 20 Stichproben bestätigen den neuen Zustand.

Eine Prozeßverschlechterung sollte nur in ganz extremen Einzelfällen gestattet werden. Besonders durch den Einsatz von Software kann man recht einfach die Eingriffsgrenzen neu berechnen. Dadurch gehen jedoch meistens wertvolle Informationen verloren, z. B. werden langsame Änderungen über einen größeren Zeitraum nicht registriert. Häufig ist die unbekannte Prozeßänderung nicht von großer Dauer und sie kehrt sich nach kurzer Zeit um. In diesen Fällen wird man laufend die Eingriffsgrenzen ändern, besonders dann, wenn keine Gewähr gegeben ist, daß diese Prozeßänderung durch eine Vorsorgemaßnahme auf Dauer abgesichert ist. Ein erkannter NISK-Prozeß läßt sich nur in seltenen Fällen durch eine neue Datenauswertung verbessern, sondern üblicherweise durch eine Ursachenermittlung.

Die meisten Prozesse liefern Ergebnisse von hoher Relevanz für die Kunden. Da die Messungen häufig bereits vorliegen, braucht man diese nur in Form der Regelkarten auszuwerten. Dies bedeutet, daß man die Regelkarten praktisch zum Null-Tarif bekommen kann.

Ein weiterer Aspekt ist die Anwendbarkeit der statistischen Prozeßkontrolle auf die Teilprozesse eines Gesamtsystems, wie sie z. B. in der chemischen Industrie bei mehrstufigen Synthesen gegeben sind. Hier besteht ein Netzwerk aus einzelnen Synthese- und Prüfprozessen mit logistischen Zwischenprozessen wie Lagerhaltung, Disposition und Versand oder Transport. Diese vielfältigen Prozesse bieten ein Betätigungsfeld für die statistische Prozeßkontrolle.

4.7
Aus der Praxis

4.7.1
Besonderheit der Standardabweichung

Häufig werden Prozesse durch Kennwerte beschrieben. Diese sind der Mittelwert ($\overline{X}$) und die Standardabweichung (s). Die Standardabweichung als Maß für die Variabilität kann nur den natürlichen Anteil beschreiben. Für den unnatürlichen Anteil der Variabilität gibt es bisher keine zutreffende Formel. Beschreibt man mit Hilfe der Standardabweichung über einen zeitlichen Rahmen die Variabilität von Prozessen, so kann sich folgende Schwierigkeit einstellen: Die allgemeine Formel zur Berechnung der Standardabweichung bezieht sich auf einen zeitlich konstanten Mittelwert. Abb. 4.24 zeigt als Beispiel einen Prozeß, der sich über einen längeren Zeitraum erstreckt. Zur Ermittlung der Standardabweichung (s) ist zunächst die Berechnung des Mittelwertes ($\overline{X}$) erforderlich. Dafür werden die einzelnen Meßwerte (X_i) der Stichproben 1 bis 30 aufaddiert und die erhaltene Summe durch die Anzahl (n) der Stichproben (n = 30) dividiert. Im Beispiel erhält man so für ($\overline{X}$) einen Wert von 83,1. Dieser rechnerisch ermittelte Mittelwert wird nun für jeden Einzelwert als Basis genommen, um den Abstand des Meßwertes (X_i) zum Mittelwert zu bestimmen (Spalte „$\overline{X} - X_i$"). Somit kommt der rechnerisch ermittelte Wert für alle Einzelwerte bzw. Einzelmessungen zur Anwendung. Eine Mittelwertverschiebung wird mathematisch nicht erwartet. Die ermittelten Abstände zum Mittelwert werden sodann quadriert und dann aufsummiert. Solange diese Summe, im Beispiel 323,5, konstant bleibt, bleibt auch der Wert für die Standardabweichung konstant. Der zeitliche Ablauf oder die Chronologie wird bei dieser Formel nicht berücksichtigt.

Die eingeschränkte Aussagefähigkeit der Standardabweichung für Prozesse mit sich zeitlich verändernder Variabilität veranschaulicht das Beispiel in Abb. 4.25. Hier ist der aus Abb. 4.13 bekannte Prozeß einem anderen Prozeß gegenübergestellt. Beide Prozesse verfügen über die gleichen Kennwerte $\overline{X}$ und s ($\overline{X}$ = 83,1; s = 3,34), zeigen aber deutlich verschiedene Verläufe, welche besonders in der Spannweitenspur deutlich werden. Der oben dargestellte Prozeß verfügt über einen konstanten Mittelwert und eine große Variabilität, der untere Prozeß zeigt dagegen einen driftenden Mittelwert bei sehr kleiner Variabilität.

Ein weiteres Beispiel ist in der Abb. 4.26 wiedergegeben. Bei der Herstellung des Vorproduktes MC ist die Wasserkonzentration im fertigen Produkt ein Qualitätsmerkmal. Daher wurde von jeder Charge der Wassergehalt bestimmt.

Nr.	x_i	$\bar{x} - x_i$	$(\bar{x} - x_i)^2$
1	90	6,9	47,61
2	81	2,1	4,41
3	85	1,9	3,61
4	76	7,1	50,41
5	78	5,1	26,01
6	83	0,1	0,01
7	85	1,9	3,61
8	80	3,1	9,61
9	81	2,1	4,41
10	86	2,9	8,41
11	80	3,1	9,61
12	79	4,1	16,81
13	85	1,9	3,61
14	83	0,1	0,01
15	81	2,1	4,41
16	87	3,9	15,21
17	88	4,9	24,01
18	86	2,9	8,41
19	83	0,1	0,01
20	85	1,9	3,61
21	83	0,1	0,01
22	86	2,9	8,41
23	86	2,9	8,41
24	79	4,1	16,81
25	85	1,9	3,61
26	83	0,1	0,01
27	81	2,1	4,41
28	80	3,1	9,61
29	81	2,1	4,41
30	88	4,9	24,01
Summe:	2494		323,5

Mittelwert $\bar{X}$:

$$\bar{X} = \frac{\text{Summe } X_i}{n} = \frac{2494}{30}$$

$$\bar{X} = 83,1$$

Standardabweichung s:

$$s = \sqrt{\frac{\text{Summe } (\bar{X} - X_i)^2}{n - 1}}$$

$$s = \sqrt{\frac{323,5}{29}}$$

$$s = \sqrt{11,16}$$

$$s = 3,34$$

Abb. 4.24. Mittelwert und Standardabweichung

Die 27 Meßwerte wurden statistisch ausgewertet, die Standardabweichung berechnet und mit drei multipliziert. Alle 27 Werte lagen innerhalb dieser Grenzen. Rein rechnerisch scheint dies richtig: Es wurde die Summe der Einzelwerte gebildet, diese durch die Anzahl der Werte dividiert. Man erhielt einen rechnerischen Mittelwert von 0,26 Prozent. Dieser Wert war, wie man in der Abb. 4.26 erkennt, nur kurzzeitig zutreffend. In Wirklichkeit war der Prozeß zu Anfang auf einem niedrigen Niveau bei $\bar{X}_1$. Dann wurde der Prozeß signifikant geändert und es stellte sich ein neuer Wert $\bar{X}_2$ ein. Durch die Benutzung des rechnerisch ermittelten Mittelwertes ergeben sich Abstände der einzelnen Meßwerte zu diesem Mittelwert, welche stark überhöht sind. Diese sind in der Abb. 4.26 durch dünne Linien angedeutet. Die wirklichen Abstände zu den tatsächlichen Mittelwerten $\bar{X}_1$ und $\bar{X}_2$ sind wesentlich kleiner. In diesem Beispiel fällt die Mittelwertverschiebung auch durch die Regelverletzung auf: Es sind mehr als acht Werte auf einer Seite des Mittelwertes. Auch dies ist ein Hin-

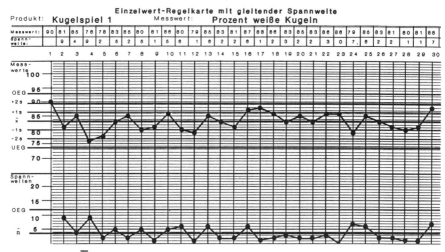

Prozeß A: $\bar{X}$ = 83,1; s = 3,34

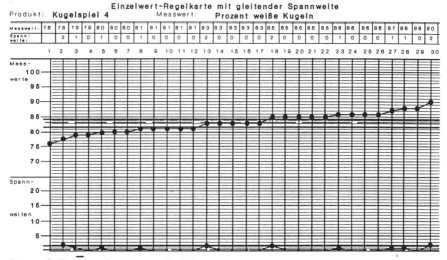

Prozeß B: $\bar{X}$ = 83,1; s = 3,34

Abb. 4.25. Beispiel zur eingeschränkten Aussagefähigkeit von $\bar{X}$ und s bei sich zeitlich änderndem Wert von $\bar{X}$

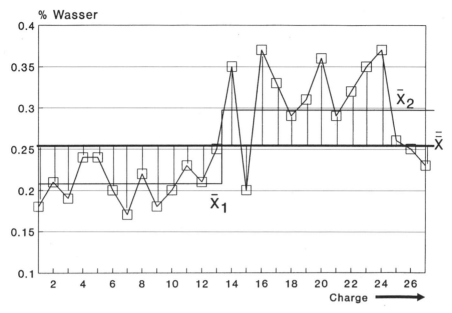

Abb. 4.26. Vorprodukt MC, Wasserkonzentration

weis, daß in diesen Fällen die allgemeine Formel für einen Prozeß mit zeitlichem Ablauf nicht benutzt werden darf.

4.7.2
Mögliche Störfaktoren

Obwohl die Anwendungsmöglichkeiten der statistischen Prozeßkontrolle sehr zahlreich sind, gibt es Grenzen der Anwendung bzw. Situationen, wo diese Methode in Frage gestellt werden könnte. Die Variabilität, welche in der Regelkarte angezeigt wird, ist immer eine Zusammensetzung aus der Variabilität des Meßverfahrens und des beobachteten Prozesses, wie bereits im Abschnitt 4.6.1 beschrieben. Auch Meßverfahren sind Prozesse und unterliegen ebenfalls Alterungseinwirkungen. Falls die zur Bestimmung des Prozesses benutzten Meßverfahren eine mangelnde Reproduzierbarkeit oder eine unzureichende Präzision über die Zeit aufweisen, könnten bei der Anwendung von SPC Schwierigkeiten auftreten. Besonders in den Fällen, in denen der Prozeß selbst zwar mit SPC untersucht wird, aber das Meßsystem unbeachtet bleibt. Ebenso kritisch ist ein ungünstiges Verhältnis der Schwankungsbreite des Meßverfahrens zur Schwankungsbreite des Prozesses. Daher empfiehlt sich, wie bereits im Abschnitt 4.6.1 aufgezeigt, immer neben dem Prozeß auch das Meßverfahren mit SPC zu untersuchen. Das Auftreten von Zyklen kann in manchen Fällen die Anwendung erschweren. Interessant ist das Beispiel eines neutralen Abwassers, welches in der biologischen Abwasserreinigung gereinigt wird.

Diese Anlage steht im US-Bundesstaat Arizona und wird daher intensiv von der Sonne bestrahlt. Am Auslauf des gereinigten Abwassers wird der pH-Wert an Hand einer Probe alle zwei Stunden gemessen. Durch die intensive Sonneneinstrahlung am Tage wird die Assimilation unterschiedlich beeinflußt. Dies hat zur Folge, daß der pH-Wert am Auslauf einen zyklischen Verlauf hat, obwohl das zulaufende Wasser einen konstanten pH-Wert aufweist. Eine Regelkarte von diesem pH-Wert zeigt einen zyklischen Verlauf. Rein formal würde man sagen, der Prozeß zeigt unnatürliche Variabilität und die Ursache sollte eliminiert werden. Dazu müßte entweder die Sonne entfernt oder eine Abdeckung gebaut werden. Beide Tätigkeiten machen jedoch keinen Sinn. Statt dessen würde man die Stichprobenhäufigkeit ändern, um dieses angebliche Problem zu lösen. Man könnte eine Regelkarte für die Werte einer Tageszeit, z. B. um 6:00 führen. Falls die Intervalle über die Aussage über die unnatürliche Variabilität dann zu selten kommen, kann man eine zusätzliche oder auch eine dritte Karte zu jeweils einem bestimmten Zeitpunkt wählen. Eine ähnliche Situation ergibt sich bei stabilen Mischungen, wenn z. B. zwei Reaktoren zwar für sich ein konstantes Ergebnis liefern, d. h. in statistischer Kontrolle sind, die Mittelwerte jedoch voneinander abweichen. Hier ist die Ursache bekannt. Wenn der Kunde mit solchen Mischungen einverstanden ist, könnten der Kunde und der Lieferant sich auch auf einen NISK-Zustand einigen. Eine Alternative wäre vielleicht das Führen von zwei getrennten Regelkarten für je einen Reaktor. Auch stabile Mischungen können manchmal zu unliebsamen Störungen führen. So kann man sich vorstellen, daß der Transport auf der Straße über sehr große Entfernungen zu Entmischungen von Schüttgütern führen kann. Eine anschließende Probenahme und Messung bzw. Analyse würde eventuell zu anderen Ergebnissen führen, als vor der Abfüllung. Schließlich sei hier noch die Probenahme erwähnt. Die Stichprobe soll zum Zeitpunkt der Stichprobennahme die Grundgesamtheit repräsentieren. Auch diese Möglichkeit sollte bei der Interpretation der Regelkarte in Betracht gezogen werden.

4.7.3
SPC und elektronische Regelkarten

Sehr häufig begegnet man dem verständlichen Wunsch, die Regelkarte elektronisch zu erstellen und dabei die vielfältig angebotenen Soft- und z. T. auch Hardware für SPC zu nutzen. Natürlich ist es sinnvoll für einen Spezialisten, z. B. einmal die pH-Werte der Kontrollproben der Abwasserreinigungsanlage im dreistündlichen Rhythmus der letzten drei Monate mit elektronischen Regelkarten zu analysieren. Es wäre in der Tat töricht, diese 720 Meßwerte manuell mit den üblichen Formblättern auszuwerten. Auch für den dortigen Betriebsführer oder Betriebsassistenten kann es reizvoll sein, sich ein Bild davon zu machen, wie die Regelkarten aufgebaut sind und wie sie arbeiten. Eine solche elektronische Auswertung von Vergangenheitsdaten kann recht interessante Einblicke geben, so, wie in unserem Beispiel in den automatisierten biologischen Abbauprozeß. Der Prozeß verfügte, wie zu erwarten war, zusätzlich zur natürlichen Variabilität auch noch über die unnatürliche Variabilität. Dies

war eine willkommene Aussage, denn dadurch waren Prozeßverbesserungen
möglich. Die Feinanalyse bestätigte dies. Es gab neben den Überschreitungen
der Eingriffsgrenzen auch zeitliche Abschnitte, welche eine gleitende Spannweite unterhalb des Mittelwertes der gleitenden Spannweiten aufzeigte und
somit eine wesentlich engere Schwankungsbreite des Prozesses andeutete. Die
Meßwertspur bestätigte diesen Eindruck. Die zugrunde liegenden Ursachen
für die unterschiedlichen Prozeßabschnitte ließen sich nachträglich nicht
mehr feststellen. An dieser Stelle hörte dann die bis dahin praktizierte Vergan-
genheitsbewältigung auf. Es wurde eine Regelkarte mit den elektronisch ermittelten Eingriffsgrenzen einer akzeptablen Zeitspanne als Zielvorstellung
angelegt und der Prozeß mittels dieser manuellen Regelkarte überwacht. Ziel
war, die Ursachen für die unnatürliche Variabilität zu finden. Es wurde ein
SPC-Team gebildet und als Alternativen die statistische Versuchsplanung sowie die Prozeßsimulation in Erwägung gezogen. Die Vorteile eines fähigen,
ISK-Prozesses in der biologischen Abwasserreinigung wurden in der verbesserten Konstanz des pH-Wertes des Abwassers sowie in den niedrigeren Repa-
raturkosten und den längeren Standzeiten der Anlagenteile gesehen. Das
Führen der Regelkarte ergab sich praktisch zum Nulltarif. Die Kontrollproben
wurden vorher auch ohne SPC gezogen und im Labor mit einem Kontroll-pH-
Meter gemessen. Die Meßergebnisse wurden ebenfalls dokumentiert. Auch
wurden Vorkommnisse schriftlich festgehalten. Diese Informationen wurden
von den Anlagenfahrern mit Einführung der manuellen Regelkarten gleich in
diese mit den Werten eingetragen, wodurch kein zusätzlicher Aufwand ent-
stand. Der Prozeß wurde jetzt von motivierteren und aufmerksameren Mitarbeitern praktisch „on-line" überwacht und jede kleine aufgefallene Besonder-
heit und als möglich erschienene Störgröße wurde schriftlich dokumentiert.
Erst diese Überlegungen in Verbindung mit den Regelkarten stellen die statistische Prozeßkontrolle dar. Die Regelkarten sind dabei lediglich Indikatoren
für die An- oder Abwesenheit der unnatürlichen Variabilität. Solange dieser
Denkprozeß abläuft, ist die Frage nach einer manuellen oder elektronischen
Anzeige der unnatürlichen Variabilität von untergeordneter Bedeutung. Besonders bei einem NISK-Prozeß ist darauf zu achten, daß dieser Denkprozeß
möglichst intensiv bei vielen am Prozeß beteiligten Mitarbeitern abläuft. Das
Ergebnis sollte immer eine Prozeßverbesserung, verbunden mit Kostenreduzierungen, darstellen.

Ein negatives Beispiel für SPC als *Show-Program-for-Customers*, das die
Kosten erhöht und die Qualität nicht verbessert, sei hier aus dem Bereich des
Maschinenbaus erläutert. An der Drehmaschine wurden vom Werker in regelmäßigen Zeitabständen Teile gemessen und diese Werte in Formulare, welche
Zeitreihen darstellten, eingetragen. Diese Formulare wurden als Dokumente
archiviert, weil der Kunde dies angeblich verlangte. Außerdem wurden die
produzierten Teile gesammelt und als komplettes Los zur Abteilung Qualitätssicherung transportiert. Hier wurden Stichproben gezogen und Messungen
durchgeführt, die bereits der Werker auch schon bestimmt hatte. Die Werte
wurden elektronisch erfaßt und in Form einer Regelkarte mit einer Stichprobengröße $n = 10$ ausgewertet. Zur Interpretation dienten dann Spezifikationen, die mit den Mittelwerten von jeweils 10 Messungen in Verbindung gesetzt

wurden. Legitimiert wurde diese Tätigkeit mit dem Argument, die Firma X verlangt diese Tätigkeit und diesen Nachweis. Auf Verbesserungen mit Kostenreduzierungen wartet man wahrscheinlich heute noch.

4.7.4
SPC und Automatisierung

In manchen Fällen wird bei der Frage nach der Anwendung von SPC argumentiert, daß der betreffende Prozeß automatisiert sei und daher auf SPC verzichtet werden könne. Doch auch hier muß man überlegen, ob nicht doch Alterungsvorgänge den Prozeß beeinflussen können. In Abb. 4.27 sind die wichtigsten Aspekte von SPC und der Automatisierung (Automatic Process Control, APC) gegenübergestellt. Bei SPC ist man bemüht, die Ursachen für spezielle Variabilität auf Dauer zu eliminieren. Bei APC hingegen will man Störungen sofort kompensieren. Bei SPC konzentriert man sich auf den Mitarbeiter und die Methoden, bei APC auf die Hardware, also die Anlagen. Bei SPC ist man bestrebt, durch Beobachten des Prozesses zu Erkenntnissen zu kommen, welche zu Änderungen führen, die sich in der Zukunft langfristig auswirken. Bei APC hingegen wirkt sich die Korrektur gleich, d.h. kurzfristig, aus. Die bei SPC verwendeten Messungen der Qualität des Prozeßergebnisses sind häufig teuer und aufwendig. Man denke hier z. B. an die gaschromatogra-

SPC Statistical Process Control	APC Automatic Process Control
Spezielle Ursachen eliminieren	Störungen kompensieren
Menschen und Methoden	Anlagen
Langfristig	Kurzfristig
Teure / aufwendige Messungen	Billige / einfache Messungen
Teure / aufwendige Korrekturen	Billige / einfache Korrekturen
Strategisch	Taktisch

Gemeinsame Ziele:
- Entfernen und/oder Reduzieren von Variabilität
- Verbesserung der Transparenz der Prozesse
- Verbesserung der Prozesse

Voraussetzung für SPC und APC: Adäquates Meßsystem

Abb. 4.27. SPC und Automatisierung

phische Analyse oder an die anwendungstechnische Prüfung eines Pigmentes im Labor. Bei APC hingegen werden häufig Prozeßparameter kontinuierlich und preiswert gemessen, wobei das Meß- und Regelsystem, das Prozeßleitsystem aufwendig sein kann. Die Korrekturen selbst sind meistens Signale zu einem Stellglied vor Ort. Hervorzuheben sei hier auch die Bedeutung des Meßsystems, das entweder „on-line" oder durch Messen oder Analysieren von Proben erfolgt. Diese Systeme müssen selbstverständlich auch „ISK" und fähig sein. Wie bereits oben erwähnt, sind auch automatisierte Prozesse Alterungsvorgängen unterworfen. Andererseits gibt es häufig zusätzliche Einflußfaktoren, welche den automatisierten Prozeß beeinflussen. Wie in Abb. 4.28 gezeigt wird, ergänzen sich SPC und APC. Das Ergebnis eines Prozesses kann eine Dienstleistung oder ein materielles Produkt sein. Während des Prozeßablaufes werden durch entsprechende Sensoren Messungen durchgeführt, um den Prozeß in den gewünschten Grenzen zu halten. Diese Daten werden im Prozeßleitsystem verarbeitet und führen zu entsprechenden Signalen zum Prozeß zurück. Daneben hat noch die Methode und das Material einen Einfluß auf den Prozeß. Der Mensch steht sicherlich im Mittelpunkt, da er die Hardware lenkt und die Methode und das Material beeinflußt. Die Qualitätskriterien, welche für den Kunden von besonderem Interesse sind, werden zur Analyse herangezogen und geben Auskunft über die natürliche und unnatürliche Variabilität des Prozesses, wobei die Regelkarten den Indikator darstellen. Das SPC-Team

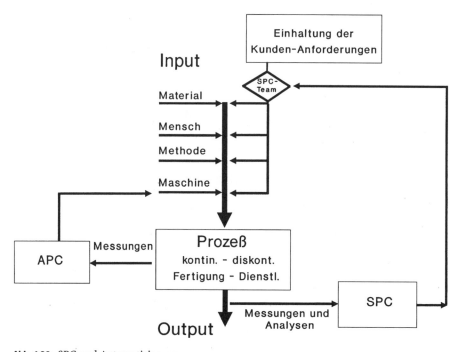

Abb. 4.28. SPC und Automatisierung

unterstützt diese Bemühungen, gibt Unterstützung bei der Suche nach den Ursachen für die unnatürliche Variabilität und hilft bei der Korrektur des Prozesses. Diese Korrekturen können sich dann auf den Menschen, das Material, die Methode oder auch auf die Maschine auswirken.

Die Praxis zeigt, daß auch automatisierte Prozesse in den meisten Fällen „nicht in statistischer Kontrolle" sind. Dies bezieht sich auch auf analytische Prozesse. Für den Betreiber dürfte dies eine positive Entdeckung sein, denn es bedeutet, daß sich dieser Prozeß noch bedeutend verbessern läßt. Der Kunde sieht dies sicherlich unter einem anderen Aspekt. Er möchte die einmal akzeptierte Qualität Lieferung nach Lieferung mit einer konstanten Qualität.

4.7.5
Beachtenswerte Tips

Es gibt eine Reihe von weiteren Gesichtspunkten bei der statistischen Prozeßkontrolle, die für den Praktiker von Bedeutung sind.

Bei chemischen Synthesen wird, wie in Abb. 4.29 visualisiert, häufig eine Stichprobe genommen und eine Analyse durchgeführt. Entsprechend dem Ergebnis wird z.B. abgefüllt oder es muß eine Korrektur durchgeführt werden, mit anschließender Wiederholung der Analyse. Die Anwendung von SPC wäre mit dem Ergebnis der allerersten, aber ebenso mit dem der letzten Analyse denkbar. Nimmt man die jeweils letzten Analysen, so wird die Kurve weniger

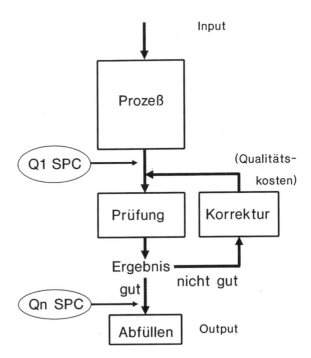

Abb. 4.29. Qualitätsforderung
der Kunden

schwanken und man erhält ein relativ positives Bild, hier angedeutet als QnSPC. Will man jedoch Prozeßverbesserungen erreichen, so ist eine Betrachtung der jeweils ersten Analysenwerte sinnvoll, hier angedeutet als Q1SPC.

Die Anwendung von SPC ist *nicht* an eine Normalverteilung gebunden, sie ist verteilungs*un*abhängig. Man trifft immer wieder auf das Argument: Die Daten dieses Prozesses entsprechen nicht einer Normalverteilung. Falls man hier eine Mittelwertkarte anwenden kann, hätte man dieses Problem gelöst. Die Mittelwerte einer beliebigen Verteilung nähern sich mit steigender Stichprobenzahl wieder einer Normalverteilung. Shewhart hat bereits zwei, Wheeler und Chambers haben fünf nicht-normal verteilte Verteilungen untersucht, in wieweit diese einen Einfluß auf die Anwendung der Mittelwertkarte ausüben. Bei einer Stichprobenzahl von $n = 10$ sind die Mittelwerte wieder normalverteilt. Der Praktiker wird auch bei einer Stichprobengröße $n = 5$ selten eine Schwierigkeit durch die Abweichung der Grundverteilung von der Normalverteilung feststellen. Interessenten finden weitergehende Erläuterungen bei [34].

Ob ein Prozeß sich „in" oder „nicht in" statistischer Kontrolle befindet, kann *nur* an Hand von Regelkarten beurteilt werden. Das Vorhandensein oder auch die Abwesenheit der unnatürlichen Variabilität kann mit dem Mittelwert und der Standardabweichung nicht entschieden werden.

Um SPC anzuwenden, sollte ein Prozeß mindestens 100 Meßwerte (Stichproben) pro Jahr ergeben. Angenommen, im Januar werden drei Chargen, im Mai zwei Chargen und im November fünf Chargen hergestellt, dann hat man innerhalb eines Jahres gerade die Hälfte der Stichproben für einen Vorlauf gesammelt. In diesen Fällen ist die Wahrscheinlichkeit groß, daß der Prozeß nicht mehr gleichartig ist, was zur Konsequenz hätte, neue Stichproben für einen neuen Vorlauf sammeln zu müssen. Außerdem würde es sehr lange dauern, bis man entsprechende Ergebnisse für durchgeführte Korrekturen erhält. Dies ist besonders in der Einführungsphase von SPC sehr nachteilig, wo man doch innerhalb einiger Monate einen Erfolg sehen möchte. Daher sollte man bei der Einführung der statistischen Prozeßkontrolle einen gleichartigen und oft wiederholten Prozeß auswählen, damit man zuerst gewisse Erfahrungen mit der Vorgehensweise sammeln kann.

Beim Anlegen einer Regelkarte muß auf eine sinnvolle Gruppierung, Stichprobengröße und Stichprobenhäufigkeit Wert gelegt werden. Die Variabilität innerhalb einer Stichprobe sollte verglichen werden mit der Variabilität zwischen den Stichproben. Stellt die Variabilität innerhalb der Stichprobe das gewünschte Minimum auch für die Zeit dar, ist eine Mittelwertkarte zu probieren. Ist dagegen die Variabilität innerhalb der Stichprobe sehr klein im Vergleich zur Variabilität zwischen den Stichproben, so kann der Mittelwert der Stichprobe als Einzelwert in die Einzelwertkarte zur Anwendung kommen. Diese Vorgehensweise ist auch dort angebracht, wo das Meßsystem eine hohe Variabilität aufweist.

Stichproben sollten zum jeweiligen Zeitpunkt die Grundgesamtheit repräsentieren.

Die Schwankungsbreite des Meßverfahrens sollte weniger als 10 Prozent der Schwankungsbreite des Prozesses betragen.

Die statistischen Regeln sind mit einem Restrisiko behaftet und entsprechen einer Wahrscheinlichkeit von ca. 99,73 Prozent ($\pm 3\,s$).

Bei Anwesenheit von unnatürlicher Variabilität sind die Ursachen (qualitätsrelevante Prozeßvariablen) oft unbekannt. Wären diese bekannt, hätte man sie häufig entweder abgestellt, eliminiert oder mit einem Regelmechanismus kompensiert.

SPC wird besonders dann eingesetzt, wenn ein Prozeß nicht in statistischer Kontrolle ist, mit dem Ziel, evtl. unter Zuhilfenahme weiterer Methoden die speziellen Ursachen für die unnatürliche Variabilität zu erkennen und zu eliminieren.

Der Aufwand zum Auffinden der speziellen Ursachen für die unnatürliche Variabilität steigt mit der Zunahme der Komplexität der Prozesse.

Ein Prozeß mit normalverteilten Daten kann durchaus „nicht in statistischer Kontrolle" sein (NISK), oder anders formuliert: Ein Prozeß mit normalverteilten Daten muß nicht zwangsläufig in statistischer Kontrolle sein.

4.8
SPC und Zertifizierung

Wie im Kapitel 1.11.1 beschrieben, dient das Qualitätsmanagementsystem nach der internationalen Norm ISO 9001 zur Darlegung des Qualitätssicherungssystems. Das Element 20 ist dem Thema „Statistische Methoden" gewidmet. Hier kann, neben anderen statistischen Methoden, die Nutzung der statistischen Prozeßkontrolle nachgewiesen und beschrieben werden. Eine Anwendung der statistischen Prozeßkontrolle ist auch im Hinblick auf Korrekturen und Verbesserungsmaßnahmen (Element 14) sehr hilfreich.

4.9
SPC und Lieferanten

Wie bereits bei der Zusammenfassung der Prozesse im Abschnitt 4.2.3 angedeutet, sind die Prozesse miteinander verknüpft und erstrecken sich weit über die Grenzen der eigenen Organisation hinaus. In Abb. 4.30 ist diese Vernetzung übergreifend dargestellt. Die Beherrschung aller Teilprozesse wird aufgrund der zunehmenden globalen Vernetzung immer wichtiger. Die Produkte müssen einhundertprozentig den Vorstellungen des Kunden entsprechen. Man kann es sich immer weniger erlauben, eine Lieferung wegen Nicht-Eignung zurückzuerhalten. Die zweidimensionale Betrachtung der Vernetzung wird durch das Einbeziehen der Dienstleistungsprozesse in ein dreidimensionales globales System überführt. Der Einfachheit halber werden hier nur die Fertigungsprozesse betrachtet. Hinzu kommt noch die Forderung der Kunden, die Qualitätskosten so gering wie möglich zu halten. Aus diesen Überlegungen ergibt sich dann die Forderung, daß die Prozesse über die eigene Organisation hinaus kompatibel sind, d.h. auch die angedockten Prozesse müssen fähig und in statistischer Kontrolle sein. Dies ist der Hintergrund für die Einbeziehung der Lieferanten in dieses Konzept. Die Einzelheiten sind im Kapitel 5 „Einbeziehung der Lieferanten" beschrieben.

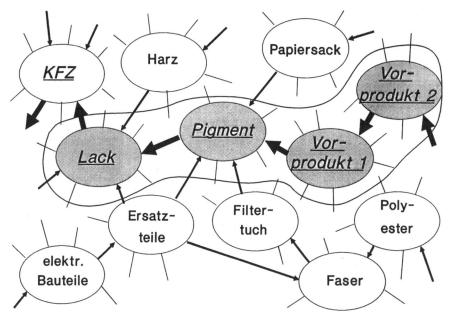

Abb. 4.30. Verknüpfung der Fertigungsprozesse

4.10 Prozeßfähigkeit

Im Abschnitt 4.4 wurde schon auf die Fähigkeit eines Prozesses hingewiesen. Bei der mathematischen Beschreibung unterscheidet man zwischen der kurzzeitigen und der längerfristigen Betrachtung des Prozesses. Das Prozeßpotential, in der Literatur findet man auch manchmal die Angabe „Maschinenfähigkeit", ist eine vorläufige Schätzung, die auf einer kurzfristigen Analyse basiert. Sie gibt noch keine Gewähr über das langfristige Verhalten. Die Analyse wird mittels einer Regelkarte durchgeführt und soll sich auf mindestens 30 Stichproben stützen. Die Begründung hierfür ist in Abschnitt 4.7.1 dargelegt. Die Regelkarten dürfen für diesen betrachteten Zeitraum keine Regelverletzung aufweisen, d.h. es darf kein Hinweis auf die unnatürliche Variabilität vorhanden sein. In den frühen 90er Jahren war ein akzeptables Prozeßpotential in der Automobilindustrie Stand der Technik, wenn der gefundene Mittelwert plus/minus vier Standardabweichungen beidseitig innerhalb der bilateralen Spezifikationen liegt. Den Kunden interessiert natürlich auch, wie sich der Prozeß über einen längeren Zeitraum verhält. Diese längerfristige Untersuchung ergibt die Prozeßfähigkeit. Sie ist das Verhältnis der Toleranzbreite zur Prozeßbreite eines beherrschten Prozesses unter Berücksichtigung der Lage des Prozeßmittelwertes zum Toleranzmittelwert. Die Prozeßfähigkeit wird durch die Indizes C_p und C_{pk} beschrieben. In Abb. 4.31 sind die Formeln wiedergegeben. Der C_p-Wert gibt das Verhältnis der Toleranzbreite zur Pro-

Abb. 4.31. Prozeßfähigkeit

$$C_p = \frac{\text{Toleranzbreite}}{6\,s} \qquad\qquad s = \frac{\bar{R}}{d_2}$$

$$C_p = \frac{OSG - USG}{6\,s}$$

$$C_{p_o} = \frac{OSG - \bar{\bar{X}}}{3\,s}$$

n	d_2
2	1.128
3	1.693
4	2.059
5	2.326
6	2.534

$$C_{p_u} = \frac{\bar{\bar{X}} - USG}{3\,s}$$

$$C_{p_K} = \text{Min}\,(\,C_{p_o};C_{p_u}\,)$$

Ziel:

kurzfristig: $C_{p_K} \gtrsim 1{,}33$

langfristig: $C_{p_K} \gtrsim 1.00$

Beispiel: Motorola (1992) "6s": $Cp_K = 2{,}0$

zeßbreite wieder, ohne zu berücksichtigen, ob der Prozeß auch tatsächlich symmetrisch zu den Toleranzgrenzen liegt. Zur Berechnung des C_{pk}-Wertes wird einmal die halbe Prozeßbreite mit der oberen Toleranzgrenze C_{po} und zum zweiten die halbe Prozeßbreite mit der unteren Toleranzgrenze C_{pu} verglichen. Der kleinere Wert ist dann der kritische, der C_{pk}-Wert. Hierbei ist jedoch zu berücksichtigen, daß die Prozeßfähigkeit durch die dauernde Anwendung der Regelkarte ermittelt und überwacht wird, während der Prozeß unter aktuellen Produktionsbedingungen läuft und alle Faktoren bzw. Prozeßvariablen, welche einen Einfluß auf den Prozeß haben können, am Prozeß teilgenommen haben, z. B. unterschiedliche Lieferungen Rohmaterial, wechselndes Personal, unterschiedliche Umweltbedingungen, Maschinenabnutzung u. ä. Dieses Intervall beträgt oft mindestens 30 Tage. Die Prozeßfähigkeit kann nur dann ermittelt werden, wenn die Regelkarten für diesen Zeitraum zeigen, daß sich der Prozeß tatsächlich in statistischer Kontrolle befindet. Der Praktiker sollte immer nach den Regelkarten für den betrachteten Zeitraum fragen und sich vergewissern, ob diese Bedingung auch erfüllt war. Die Berechnung von C_p und C_{pk} ist nämlich auch dann möglich, wenn der Prozeß NISK ist. In Abb. 4.32 sind die prinzipiellen Möglichkeiten $C_p < 1{,}0$; $C_p = 1{,}0$ und $C_p > 1{,}0$ aufgeführt sowie ein Prozeß mit einem C_p-Wert von 1,66, welcher unterschiedliche C_{pk}-Werte durch Verlagerung des Mittelwertes zum Toleranzbereich einnimmt. In diesem Zusammenhang sei nochmals auf Abb. 4.7 hinge-

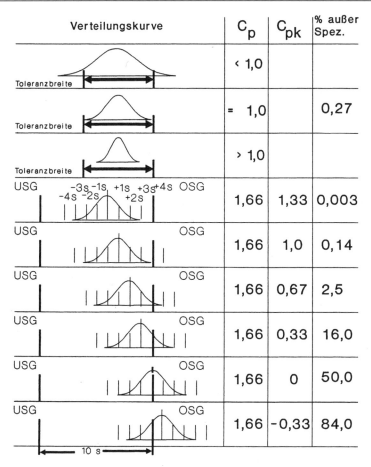

Verteilungskurve	C_p	C_{pk}	% außer Spez.
	< 1,0		
	= 1,0		0,27
	> 1,0		
	1,66	1,33	0,003
	1,66	1,0	0,14
	1,66	0,67	2,5
	1,66	0,33	16,0
	1,66	0	50,0
	1,66	-0,33	84,0

Abb. 4.32. Prozeßfähigkeit

wiesen, in welchem C_{pk}-Werte visualisiert werden. An dieser Stelle sei vor einer Überbewertung dieser Betrachtungsweise gewarnt. Eine Änderung der Spezifikationen ergibt natürlich sofort eine Änderung des C_{pk}-Wertes, ohne daß der Prozeß sich geändert hat. Zweitens sind Spezifikationen nicht für alle Kunden gleich und drittens gibt es manchmal unterschiedliche interne und externe Spezifikationen. Hier ist zu entscheiden, welche Spezifikation zur Anwendung kommt. In der Praxis hat sich die Frage nach den vorhersagbaren Prozessen in diesem Zusammenhang als der wichtigere Faktor erwiesen.

4.11
Was SPC leistet

SPC ist eine Methode, um Prozesse vorhersagbar zu gestalten und somit absolute Zuverlässigkeit zu dokumentieren und für die Zukunft zu gewährleisten. Sie dient ebenfalls der ständigen Prozeßverbesserung unter gleichzeitiger Reduzierung der Kosten und der Reduzierung der Variabilität. Sie wird ferner als „Frühwarnsystem" zur Fehlerverhütung eingesetzt, um die Einwirkung der Alterungsprozesse rechtzeitig zu erkennen. SPC führt schließlich zu einer erhöhten Vertrauensbildung und Zufriedenheit der Kunden.

4.12
Zusammenfassung und Definition von SPC

Ein Prozeß ist eine Anzahl gezielter, sich wiederholender Vorgänge, deren Zusammenwirken zu einem angestrebten Resultat führen soll.

SPC ist eine Methode zur stetigen Reduzierung der Variabilität eines Prozesses mit Hilfe verschiedener Werkzeuge.

Regelkarten dienen dazu, zwischen den zwei Arten der Variabilität und zwar der natürlichen und der unnatürlichen zu unterscheiden und deren Größe, Umfang und zeitliche Präsenz zu beschreiben.

Um die natürliche Variabilität zu reduzieren, muß man den Prozeß ändern (neue Technologie, neues Verfahren, andere Vorprodukte durch Faktorenversuchsplanung, Design of Experiments).

Um die unnatürliche Variabilität zu reduzieren, muß man deren Ursachen identifizieren und eliminieren.

Ein Prozeß ist in statistischer Kontrolle, wenn dieser nur die natürliche Variabilität aufweist und keine Anzeichen einer unnatürlichen Variabilität vorhanden sind. Ein System, das in statistischer Kontrolle ist, hat ein vorhersagbares, zuverlässiges Verhalten.

Ein Prozeß ist nicht in statistischer Kontrolle (NISK), wenn er zusätzlich zur natürlichen Variabilität die unnatürliche Variabilität aufweist. Dieser Prozeß ist instabil, nicht konstant, nicht vorhersagbar und läßt sich wesentlich verbessern.

Die statistische Prozeßkontrolle ist eine Methode, die Zuverlässigkeit des Prozesses mit Hilfe von Zahlen zu beschreiben, um einerseits Chancen für Prozeßverbesserungen und andererseits unbeabsichtigte Prozeßänderungen rechtzeitig zu erkennen sowie um eine optimale Transparenz des Prozesses zu möglichst jedem Zeitpunkt zu erhalten [57 – 62].

5 Einbeziehung der Lieferanten

TQM ist nicht nur eine langfristige Erfolgsstrategie für das eigene Unternehmen, sondern eignet sich ebenso für Kunden und Lieferanten. Man möchte fast sagen, es könnte dem Standort Bundesrepublik ein Stückchen Konkurrenzvorsprung bringen. Wo aber fängt man an? Bei der Hoechst AG wurden neben der Einführung der universellen Sequenz und der statistischen Prozeßkontrolle in der Technik (siehe Kapitel 3 und 4) auch die Lieferanten für technisches Material systematisch in die Qualitätsarbeit einbezogen. Es wird in diesem Zusammenhang an die Verknüpfung der Prozesse (Kapitel 4.2.3), an die dreidimensionale Verkettung unter Einschluß der Dienstleistungsprozesse (Kapitel 4.9) und die Qualitätskosten (Kapitel 1 und 3.2.3) erinnert. Zur Wartung, Instandhaltung, Reparatur und natürlich auch zur Errichtung chemischer Anlagen wird technisches Material benötigt. Als Beispiele seien erwähnt: Edelstahlrohre, Flansche, Dichtungen, Sicherheitsventile, Pumpen, Armaturen und Temperaturmeßumformer, stellvertretend für mehrere Tausend Artikel. Das Einkaufsvolumen für technisches Material für das Chemieunternehmen betrug zwischen 150 und 200 Millionen DM pro Jahr, der Aufwand für die Eingangsprüfungen etwa 3 Millionen DM. Betrachtet man die Gesamtkosten, Abb. 5.1, welche sich aus den Gesamtversorgungskosten und den Folgekosten (cost of ownership) zusammensetzen, so ist der Betrag noch wesentlich höher.

Abb. 5.1 Gesamtkosten

Gesamtversorgungskosten:
- Einstandspreis
- Kosten der Material-Normung
- Kosten des Einkaufs-Technik
- Kosten der Versorgungssteuerung
- Kosten des Wareneingangs
- Kosten der Technischen Qualitätssicherung
- Kosten der Bevorratung und Verteilung
- Kosten des Rechnungswesens
- Kosten der Entsorgung und

Folgekosten (cost of ownership):
- Kosten der Bearbeitung
- Kosten der Montage
- Kosten der Instandhaltung (Standzeit)
- Kosten der Reparaturen
- Kosten durch Qualitätsabweichung unserer Produkte
- Kosten durch Stillstände

Abb. 5.2. Vorteile für den Kunden

Vorteile für den Kunden

durch Einführung der Methoden

„SPC" und „Ständige Verbesserungen"

bei den Lieferanten

- Reduzierung der Qualitätskosten
  (Eingangsprüfung, Folgekosten
  Cost of ownership)

- Reduzierung von Reklamationen
  (Ärger, Kosten)

- Erhöhung der Versorgungssicherheit
  (Liefertermine, Reduzierung der Vorräte)

- JIT – Fähigkeit
  (Direktbelieferung)

- Preisreduzierung

- Reduzierung des Handlingaufwandes

- Verbesserung der Kundenzufriedenheit
  (Qualität, Zuverlässigkeit, Vertrauen)

- Verlängerung der Vertragsdauer

Die technische Abteilung entschied gemeinsam mit dem Einkauf, diese Kosten systematisch zu reduzieren. Dies bedeutet für die Lieferanten, die universelle Sequenz und die statistische Prozeßkontrolle einzuführen. Dabei resultieren beiderseitige Vorteile, wie sie in Abb. 5.2 für Kunden und in Abb. 5.3 für Lieferanten angegeben sind.

Da bei den Herstellern besonders bei den einzelnen Produktionsstufen durch die realisierten, fähigen ISK-Prozesse Einsparungen erreicht werden, sollten diese zwischen der Herstellerfirma und dem Kunden, welcher diese Initiative ergriffen hatte und auch Hilfestellung bei der Einführung gab, geteilt werden (Abb. 5.4). Die Vorgehensweise bei den Herstellerfirmen ist in Abb. 5.5 dargestellt.

Angefangen hatte diese Entwicklung im Jahre 1990 mit einem Lieferanten für Stopfbuchspackungen (Beispiele in Kap. 6). Nachdem diese Firma die Basis-Methoden Universelle Sequenz und SPC erfolgreich nutzte, wurde das Konzept weiteren Lieferanten für technisches Material vorgestellt, wobei die Lieferfirma für Stopfbuchspackungen ihre Erfahrungen bereitwillig und überzeugend weitergab. Die neuen Lieferanten wurden nun ihrerseits gebeten, diese Methoden einzuführen und die Ergebnisse nach zwölf Monaten einem weiteren Kreis von Lieferanten vorzustellen.

Abb. 5.3. Vorteile für den Hersteller

Vorteile für den Lieferanten/Hersteller

durch Einführung der Methoden

„SPC" und „Ständige Verbesserungen"

- Reduzierung der Qualitätskosten
  (Ausschuß, Prüfhäufigkeit, Prüfumfang)

- Reduzierung von Reklamationen
  (Ärger, Aufwand, Kosten)

- Erhöhung der Produktivität
  (Stillstandszeiten, Ausschuß, Durchlaufzeiten)

- JIT - Fähigkeit

- Verbesserung der Liefertermineinhaltung

- Wettbewerbsvorteile
  (Preis und Marktanteil)

- Sicherung von Arbeitsplätzen

- Verbesserung der Kundenzufriedenheit

- Verbesserung der Lieferantenbeurteilung

- Verlängerung der Vertragsdauer

Abb. 5.4 Kostenreduzierung beim Hersteller

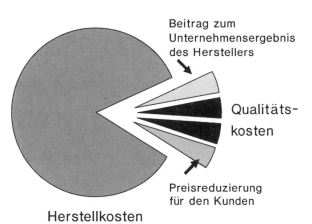

Qualität erhöhen
Qualitätskosten reduzieren
um 50 % in 2 Jahren

Beitrag zum
Unternehmensergebnis
des Herstellers

Qualitäts-
kosten

Preisreduzierung
für den Kunden

Herstellkosten

Abb. 5.5. Q 100 bei Lieferanten

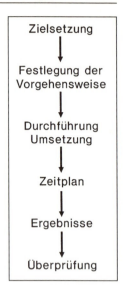

Bei dieser Vorgehensweise wird die Einführung und die Anwendung der Werkzeuge nach einer Punkttabelle bewertet, wobei maximal 100 Punkte erreicht werden können, was im Namen Q 100 für dieses Konzept zum Ausdruck kommt. Manche der angesprochenen Firmen nahmen die vorgeschlagene Vorgehensweise zunächst mehr oder weniger skeptisch an. Erst nachdem sich bei den Herstellerfirmen die ersten Erfolge einstellten, entwickelte sich eine Eigendynamik. Bei ungefähr einem Drittel der Firmen existierten bereits schon vor dem Konzept Q 100 über die Zertifizierung hinausgehende Qualitätskonzepte. Diese Firmen konnten die Methoden häufig problemlos in ihr bestehendes Qualitätskonzept integrieren.

Auszug aus dem Q 100-Konzept der Hoechst AG:
- In seinen Grundsätzen zur Qualitätspolitik hat sich die Materialwirtschaft verpflichtet, den hohen Qualitätsanspruch des Unternehmens in partnerschaftlicher Zusammenarbeit mit seinen Kunden am Markt zu erfüllen.

  Das Qualitätsverbesserungskonzept Q 100 dient dazu, Lieferanten auszuwählen, die durch enge und partnerschaftliche Zusammenarbeit mit Hoechst einen entscheidenden Beitrag zur Minimierung unserer Versorgungskosten leisten. Q 100 enthält Elemente, die dazu beitragen, die Herstellkosten unserer Lieferanten zu senken, wovon wir als Kunden profitieren. Auf Basis unseres Qualitätsverbesserungskonzeptes Q 100 werden wir mit unseren Q 100-Lieferanten längerfristige Verträge abschließen und die Gesamtzahl der Lieferanten reduzieren. Einfachere und schnellere Abwicklungsmethoden sowie ein aktiver Informationsaustausch mit unseren Q 100-Lieferanten werden das Konzept begleiten.

- Gültigkeit und Geltungsbereich Q 100:
  Das Qualitätsverbesserungskonzept Q 100 der Hoechst AG wurde in Zusammenarbeit der Materialwirtschaft und Ingenieurtechnik entwickelt und am 13.05.1993 für codiertes technisches Material als verbindlich in der Hoechst AG erklärt.
  Eine Ausweitung des Geltungsbereiches des Q 100-Konzepts auf Hilfs- und Betriebsstoffe wird schrittweise erfolgen.
- Ziele des Qualitätsverbesserungskonzeptes Q 100:
  Angestrebt wird, die Gesamtkosten für technisches Material durch Qualitätsverbesserungen im Herstellprozeß zu reduzieren. Die resultierende Senkung der Herstellkosten ermöglicht eine entsprechende Preisreduzierung.
  Kostenaufwendige Qualitätsprüfungen bei unserem Wareneingang werden ersetzt durch effiziente, fähige ISK-Prozesse in der Produktion bei den Herstellern (SPC und ständige Qualitätsverbesserung).
  Kostenintensive Beanstandungen beim Wareneingang bzw. bei späterer Entdeckung von Mängeln beim Betriebseinsatz (Folgekosten) werden vermieden.
- Methoden des Qualitätsverbesserungskonzeptes Q 100:
  Lieferanten von technischem Material werden vor Vertragsabschlüssen nach dem Verfahren Q 100 bewertet. Entscheidende Kriterien bei dieser Bewertung sind der Einsatz von SPC in Produktion und Logistik sowie ein implementiertes Verfahren der ständigen Qualitätsverbesserung.
  Nach Q 100 zugelassene Lieferanten müssen ein Bewertungsergebnis von mindestens 74 von 100 möglichen Punkten erreichen und die Mindestkriterien erfüllen.
  Die Hoechst AG kauft technisches Material zukünftig nur von Q 100 zugelassenen Lieferanten.
- Die Kette der Einsparpotentiale aus dem Vorgehen nach Q 100:
  Reduzierung
  - der Herstellkosten beim Lieferanten,
  - des Einstandspreises,
  - der Versorgungskosten,
  - der Folgekosten.
- Lieferantenbewertung Q 100:
  Die Lieferantenbewertung Q 100 erfolgt anhand eines Formblattes nach 9 Kriterien. Sie wird federführend vom zuständigen Einkaufssachgebiet durchgeführt und dem Angebotsvergleich beigefügt.
  Für die Kriterien 1 bis 5 werden entsprechende schriftliche Stellungnahmen (Qualitätsrecherchen) von den Hauptbedarfsträgern, der technischen Qualitätssicherung, dem Wareneingang, dem Lager und der Versorgungssteuerung, dem Einkauf und der Rechnungsprüfung zugrunde gelegt.
  Für die Bewertung der Kriterien 6 bis 9 sind Nachweise durch den Lieferanten erforderlich. Diese ergeben sich aus der überlassenen Q 100-Checkliste.
  Unsere Lieferanten werden – soweit erforderlich und gewünscht – bei der Einführung von SPC und einem Verfahren der ständigen Qualitätsverbesserung (universelle Sequenz) im Herstellprozeß und in der Logistik durch Mitarbeiter unseres Unternehmens unterstützt.

Kann für bestimmte Bedarfsfälle kein Lieferant ermittelt werden, der die Mindestanforderungen nach Q 100 erfüllt, wird der zuständige Einkäufer mit den Anbietern an Hand der festgestellten Defizite konkrete Verbesserungsmaßnahmen, einen Terminplan für deren Umsetzung sowie eine anschließende erneute Bewertung vereinbaren.

Beispiele für Lieferanten, welche die Kriterien für das Q 100-Konzept erfüllen, bietet das folgende Kapitel.

6 Beispiele und Ergebnisse aus der Anwendung der Methoden und Werkzeuge

Der Einsatz der Werkzeuge des TQM ist nicht auf eine bestimmte Industrie oder auf besondere Prozesse beschränkt, wie auch bereits bei den Prozessen im Kapitel 4 erwähnt wurde. Im Beispiel Business Unit Pigmente, Abschnitt 6.2, wird exemplarisch der Einsatz der Werkzeuge an den verschiedenen Teilprozessen aufgezeigt. Das Beispiel der Ingenieur-Technik im Abschnitt 6.5 spiegelt den Einsatz und die Ergebnisse in der Technik eines Chemieunternehmens wider. Ferner zeigen sich unternehmensübergreifende Vorteile, wie sie in Abb. 6.1 visualisiert sind. Das Chemieunternehmen fordert von den Lieferanten von technischem Material den Einsatz der Werkzeuge, wie im Kapitel 5 beschrieben. Diese Firmen ihrerseits können kostengünstige Produkte aus fähigen ISK-Prozessen von ihren Lieferanten einsetzen. In einigen Fällen hat sich der Ring bereits geschlossen, der Q100-Lieferant ist gleichzeitig auch Kunde. Somit erstreckt sich der Einsatz dieser Werkzeuge auf viele unterschiedliche Firmen und unterschiedliche Branchen. In den folgenden Beispielen ist die Anwendung der Werkzeuge und Vorgehensweise bei den Methoden nicht näher beschrieben, da dies praktisch eine Wiederholung vorgehender Kapitel darstellen würde. Die Beispiele sollen die Vielzahl von Anwendungen in den verschiedenen Branchen und die erreichten Ergebnisse verdeutlichen.

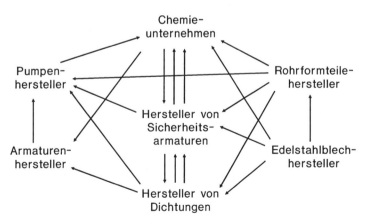

Abb. 6.1 TQM – unternehmensübergreifenden Vorteile

6.1
Analytik

Die im Kapitel 4 beschriebene Vorgehensweise der statistischen Prozeßkontrolle läßt sich im Labor bei Analysenmethoden sehr vielseitig anwenden. Die im Labor ablaufenden Prozesse können ständig mit SPC verbessert und die Kosten gleichzeitig reduziert werden. Das erreichte Qualitätsniveau „ISK" und „fähig" kann dem Kunden garantiert werden. Ferner kann das Labor mit den ermittelten Analysenergebnissen dem Kunden qualitative und quantitative Aussagen über seine eigenen Prozesse zur Verfügung stellen.

6.1.1
Zink im Oberflächenwasser nach der Methode ICP/AES
(induktiv gekuppelt Plasma/Atom Emissions-Spektrometrie)

Die Zahlen sind den „AQS-Merkblätter für die Wasser-, Abwasser- und Schlammuntersuchung" der Länderarbeitsgemeinschaft Wasser, veröffentlicht im November 1990, entnommen. Nach diesen Unterlagen wurde in regelmäßigen Intervallen eine Kontrollprobe analysiert (Tab. 6.1):

Tabelle 6.1

Kontrollprobe	Kontrollwert	Kontrollprobe	Kontrollwert
1	108	1	112
2	110	12	117
3	112	13	113
4	115	14	115
5	109	15	109
6	115	16	112
7	110	17	116
8	108	18	117
9	111	19	114
10	110	20	110

Von diesen Kontrollwerten wurde der Vorlauf in Form einer Einzelwertkarte mit gleitender Spannweite angelegt (Abb. 6.2). Die Ermittlung der Grenzen zeigt Abb. 6.3. Dieser Vorlauf zeigt einen „ISK"-Prozeß, da in der Meßwertspur und der Spannweitenspur keine der statistischen Regeln (Abb. 4.15 und 4.16) verletzt wird. Da es sich hier um eine Einzelwertkarte handelt, sind die Eingriffsgrenzen identisch mit den natürlichen Prozeßgrenzen. In den darauffolgenden Analysenserien wurden die 28 Kontrollwerte (Tab. 6.2) erhalten und in ein Regelkartenformular mit den Grenzen des Vorlaufes eingetragen, wobei zu bemerken ist, daß diese Kontrollwerte auch im Anschluß an den Vorlauf in die Vorlaufkarte hätten eingetragen werden können.

Das Ergebnis ist in Abb. 6.4 dargelegt. Die Interpretation mit den üblichen statistischen Regeln läßt zunächst in der Kontrollphase keine Prozeßänderung erkennen. Beim Eintragen des Ergebnisses der 24. Stichprobe jedoch erkennt

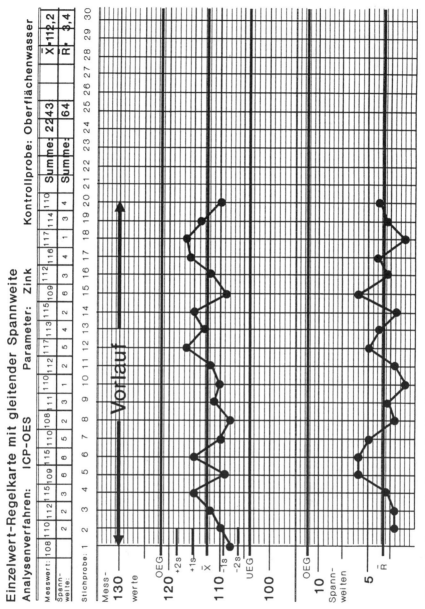

Abb. 6.2. Analysenmethode: Zink im Oberflächenwasser

Grenzen für Einzelwert-Regelkarten
mit gleitender Spannweite (2 Werte)
(Eingriffsgrenzen: 3s = 99,72%)

Mittelwert = $\bar{X} = \frac{2243}{20} = 112,2$

Mittl. Spannweite = $\bar{R} = \frac{64}{19} = 3,4$

3s = 2,660 $\bar{R}$ = 9,0

OEG $_X$ = $\bar{X}$ + 3s = 121,2

Mittellinie $_X$ = $\bar{X}$ = 112,2

UEG $_X$ = $\bar{X}$ - 3s = 103,2

OEG $_R$ = 3,268 $\bar{R}$ = 11,1

Mittellinie $_R$ = $\bar{R}$ = 3,4

1 s = 3,0	+ 2 s = 118,2
	+ 1 s = 115,2
	- 1 s = 109,2
	- 2 s = 106,2

Prüfung auf überhöhte Grenzen:

Ist die Spannweitenkarte außer Kontrolle?

ja ☐   nein ☒

Sind 2/3 oder mehr Punkte der

Spannweiten unterhalb von $\bar{R}$?

ja ☐   nein ☒

Falls eine der Fragen mit ja beantwortet wurde, müssen revidierte Grenzen nach den folgenden Formeln ermittelt werden:

Median Spannweite: $\tilde{R}$ = _____

(3s) = 3,144 $\tilde{R}$ = _____

Falls 3,144 $\tilde{R}$ größer als 2,660 $\bar{R}$ ist, so ist die Verzerrung minimal und es kann auf revidierte Grenzen verzichtet werden.

OEG $_{X_{rev}}$ = $\bar{X}$ + (3s) = _____

UEG $_{X_{rev}}$ = $\bar{X}$ - (3s) = _____

OEG $_{R_{rev}}$ = 3,865 $\tilde{R}$ = _____

Mittellinie $_{R_{rev}}$ = $\tilde{R}$ = _____

Abb. 6.3. Berechnung der Eingriffsgrenzen

Tabelle 6.2

Kontrollprobe	Kontrollwert	Kontrollprobe	Kontrollwert
1	113	15	116
2	114	16	110
3	111	17	111
4	109	18	113
5	115	19	112
6	119	20	109
7	113	21	109
8	111	22	110
9	116	23	112
10	110	24	113
11	108	25	115
12	113	26	114
13	117	27	117
14	114	28	118

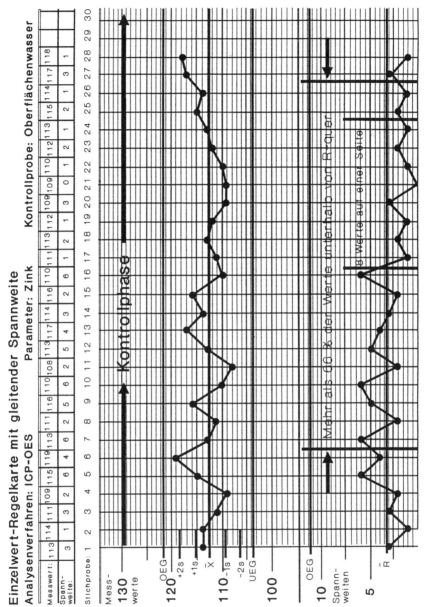

Abb. 6.4 Analysenmethode: Zink im Oberflächenwasser

man eine Prozeßänderung: Acht Werte der gleitenden Spannweite liegen unterhalb des Mittelwertes der gleitenden Spannweite. Hier scheint sich eine Prozeßverbesserung anzubahnen, die Schwankungsbreite verringert sich. Beim Eintragen des Ergebnisses der 26. Stichprobe erkennt man ferner, daß 2/3 der Spannweiten rückwärts bis zur 7. Stichprobe unterhalb des Mittelwertes liegen. Dies ist ein weiterer Hinweis für die positive Prozeßänderung. Spätestens in diesem Moment hätten die Prozeßbeteiligten untersuchen müssen, was sich zwischen der 15. und der 16. Kontrollprobe am Prozeß geändert hat. Ferner deutet sich eventuell eine steigende Tendenz an. Das Führen dieser Regelkarte vor Ort durch die Prozeßbeteiligten hätte zu einer Entdeckung der Ursache für die Änderung des Prozesses führen können. Andererseits muß aufgrund dieser Daten behauptet werden, daß dieser Prozeß noch unnatürliche Variabilität aufweist und somit langfristig nicht vorhersagbar ist. Die „ISK"-Aussage vom Vorlauf kann nicht aufrecht erhalten werden.

6.1.2
Glucosebestimmung (mg pro 100 ml) nach der Methode
Hexokinase/Glucose-6-phosphat-Dehydrogenase

Zur Überprüfung der Bestimmungsmethode wurde an verschiedenen Tagen der Standard zweimal bestimmt. Nach zwei Monaten wurde eine erste Überprüfung mit Daten aus Tabelle 6.3 vorgenommen:

Tabelle 6.3

Tag	Probe-Nr.	1.Wert	2.Wert
Do 03.12.	(1,2)	91,1	89,8
Di 08.12.	(3,4)	91,7	88,4
Sa 12.12.	(5,6)	91,1	87,8
Do 17.12.	(7,8)	92,4	94,2
Di 22.12.	(9,10)	93,2	89,3
Sa 26.12.	(11,12)	85,8	86,3
Do 31.12.	(13,14)	93,8	89,3
Mo 04.01.	(15,16)	83,8	83,4
Sa 09.01.	(17,18)	89,1	88,4
Do 14.01.	(19,20)	90,4	88,4
Di 19.01.	(21,22)	87,8	87,1
Sa 23.01.	(23,24)	88,4	89,8
Do 28.01.	(25,26)	92,4	93,5

Zur schnelleren Auswertung historischer Daten wurde ein Softwarepaket auf einem Rechner benutzt. Zunächst wurde eine Mittelwert- und Spannweitenkarte mit einer Stichprobengröße n = 2 erstellt (Abb. 6.5). Man sieht deutlich drei Regelverletzungen, welche unnatürliche Variabilität anzeigen: Ein Punkt oberhalb der OEG bei Stichprobe 5 und jeweils ein Punkt unterhalb der UEG bei den Stichproben 6 und 8, sowie 2 von 3 aufeinanderfolgenden Punkten außerhalb von 2/3 der UEG. Die Aufzeichnung als Einzelwertkarte mit glei-

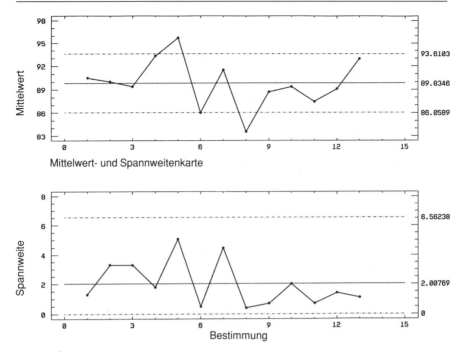

Abb. 6.5. Überprüfung der Glucose-Bestimmungsmethode

tender Spannweite (Abb. 6.6) zeigt ebenfalls unnatürliche Variabilität: Ein Punkt oberhalb der OEG bei Stichprobe 10 und 2 von 3 aufeinanderfolgenden Punkten jenseits von 2/3 der UEG bei den Stichproben 15 und 16. Außerdem deutet diese Regelkarte gegen Ende der Probennahmen eine Prozeßverbesserung in Form der geringeren Schwankungsbreite an, erkennbar durch die neun aufeinanderfolgenden Punkte unterhalb des Mittelwertes der Spannweiten. Eine Überarbeitung der Bestimmungsmethode ist hier dringend empfehlenswert, da dieser Prozeß nicht vorhersagbar ist. Außerdem läßt sich die Schwankungsbreite, d.h. die Präzision noch verbessern. Falls die Bestimmungsmethode dann in statistischer Kontrolle ist, kann die Anzahl der Standardbestimmungen zur Überprüfung des Prozesses reduziert werden. Dadurch wird der Aufwand gemindert, d.h. die Kosten werden reduziert und gleichzeitig verbessert sich die Zuverlässigkeit im Vergleich zum derzeitigen Prozeß.

6.1.3
Gehaltsbestimmung eines Wirkstoffes

Bei der Einführung der statistischen Prozeßkontrolle in einer Produktionseinheit wurde eine Untersuchung der Analysenmethode zur Gehaltsbestimmung der Produktionsware durchgeführt. Eine bestimmte Ware wurde an verschiedenen Tagen im Labor unter Routinebedingungen analysiert. Die Analysener-

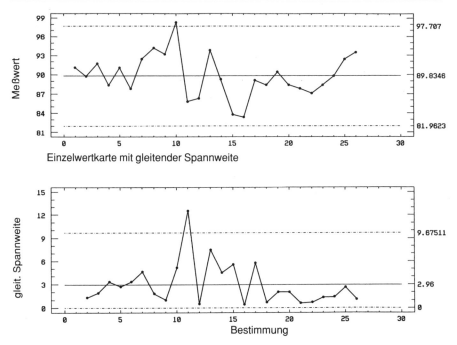

Abb. 6.6. Überprüfung der Glucose-Bestimmungsmethode

gebnisse wurden dann mit einer Einzelwertkarte mit gleitender Spannweite (Abb. 6.7) ausgewertet. Diese Regelkarte zeigt weder in der Spannweitenspur noch in der Meßwertspur irgendeine Regelverletzung. Dies bedeutet, es gibt keinen Hinweis auf unnatürliche Variabilität, der Prozeß ist vorhersagbar und für den betrachteten Zeitraum in statistischer Kontrolle. Die Eingriffsgrenzen jedoch zeigen eine natürliche Variabilität von 99,49 bis 100,6 Prozent an. Jeder Analysenwert kann demnach, mit einer Wahrscheinlichkeit von 99,73 Prozent in Wirklichkeit bis zu 0,5 Prozent höher oder tiefer liegen. Die Produktionsware soll einen Mindestgehalt von 99,0 Prozent aufweisen. Diese Untersuchung zeigt, daß jedes Analysenergebnis zwischen 98,5 Prozent und 99,5 Prozent mit Unsicherheit behaftet ist, und zwar um so wahrscheinlicher, je näher der analysierte Wert bei 99,0 Prozent liegt. Unter 98,5 Prozent ist die Ware mit Sicherheit nicht spezifikationsgerecht. Über 99,5 Prozent ist die Ware sicher spezifikationsgerecht. Liegt der Analysenwert der Reinheit zwischen 99,5 und >99,0 Prozent, so besteht eine Wahrscheinlichkeit, daß die Ware in Wirklichkeit nicht der Spezifikation entspricht. Bei einhundert Chargen mit einem Analysenergebnis von 99,2 Prozent Reinheit würden ungefähr acht Chargen eine wirkliche Reinheit von 99,0 oder weniger als 99,0 Prozent aufweisen. Bei einhundert Chargen mit einem Analysenergebnis von 99,1 Prozent Reinheit würden bereits ca. 24 Chargen eine wirkliche Reinheit von 99,0 oder weniger als 99,0 Prozent aufweisen. Dies hätte, falls der Kunde die Reinheit ebenfalls analysiert, eventuell berechtigte Kundenreklamationen zur Folge.

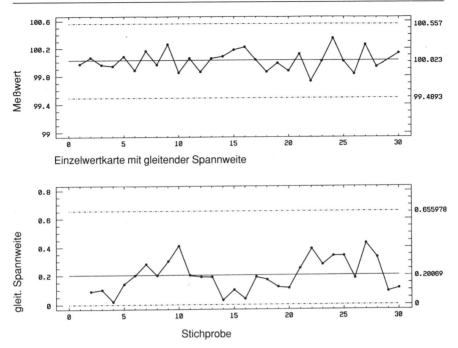

Abb. 6.7. Wirkstoffbestimmungsmethode

Liegt der Analysenwert der Reinheit wischen 98,5 und < 99,0 Prozent, so wird die Ware als nicht spezifikationsgerecht deklariert und es besteht eine Wahrscheinlichkeit, daß die wirkliche Reinheit über 99,0 Prozent liegt. Bei einhundert Chargen mit einem Analysenwert von 98,8 Prozent würden ungefähr acht Chargen eine wirkliche Reinheit von 99,0 oder höher aufweisen. Bei einhundert Chargen mit einem Analysenwert von 98,9 Prozent würden ungefähr 24 Chargen eine wirkliche Reinheit von 99,0 oder höher aufweisen. In diesen Fällen würde unnötigerweise eine Umkristallisation vorgenommen.

Es liegt zwar eine ISK-Analysenmethode vor, die jedoch nicht fähig ist. Die natürliche Variabilität ist zu groß. Diese Situation ist im Kapitel 4.4 in Abb. 4.7 oben rechts visualisiert. Eine Überarbeitung wurde empfohlen, um die natürliche Variabilität zu reduzieren. Als Methode wurde die universelle Sequenz gewählt. Für das Symptom, die natürliche Variabilität ist zu groß, mußte die Diagnose erstellt werden, um zu einem Durchbruch zu gelangen. Es wurden Theorien aufgestellt und getestet. Hierbei fand man mehrere Einflußgrößen, welche in ihrer Wirkung auf den Prozeß geändert werden konnten. Die natürliche Variabilität konnte auf diese Weise stark reduziert werden. Nach dem erfolgreichen Abschluß dieser Bearbeitung wurde wieder ein Standard an verschiedenen Tagen gemessen. Das Ergebnis ist in Abb. 6.8 zu sehen. Die Variabilität der Analysenmethode wurde signifikant reduziert. Hierdurch steigt die Zuverlässigkeit der Aussage, ob eine Produktionsware den Spezifikationen entspricht.

Einzelwert-Regelkarte mit gleitender Spannweite

Prozeß: Wirkstoffbestimmungsmethode

	1	2	3	4	5	6	7	8	9	10	11	12	13	14	15	16	17	18	19	20	21	22	23	24	25	26	27	28	29	30
Messwert:	100,22	100,03	99,86	99,98	99,87	100,12	99,73	100,01	100,35	100,01	99,83	100,26	99,93	100,02	100,13		99,92	99,98	99,91	99,89	99,80	99,86	99,75	99,78	99,69	99,83	99,79	99,76	99,90	99,70
Spannweite:		,19	,17	,12	,11	,25	,39	,28	,34	,34	,18	,43	,33	,09	,11		,08	,04	,03	,02	,09	,06	,11	,03	,09	,14	,04	,03	,14	,2

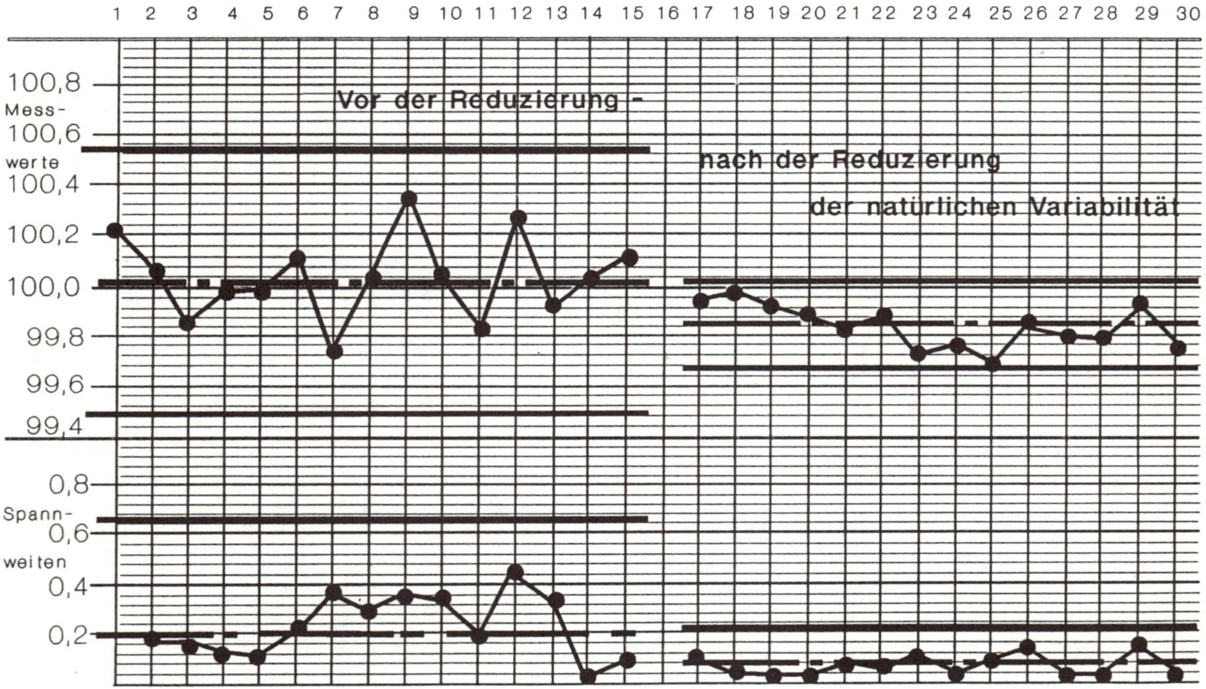

1 2 3 4 5 6 7 8 9 10 11 12 13 14 15 16 17 18 19 20 21 22 23 24 25 26 27 28 29 30
100,8
Mess-
100,6
werte
100,4
100,2
100,0
99,8
99,6
99,4
0,8
Spann-
0,6
weiten
0,4
0,2
Vor der Reduzierung -
nach der Reduzierung
der natürlichen Variabilität

Abb. 6.8. Analysenmethode zur Bestimmung eines Wirkstoffes

6.1.4
Analysenlabor einer chemischen Fabrik

In diesem Labor wurden verschiedene Analysen für die Produktion und die Abwasserreinigungsanlage durchgeführt. Der Leiter des Analysenlabors entschloß sich zur Einführung der statistischen Prozeßkontrolle bei den Laborprozessen. Als erster Prozeß wurde die Bestimmung für freies Cyanid ausgewählt. In regelmäßigen Abständen wird zur Überprüfung der Analysenmethode eine Eichlösung als Standard bestimmt. Die Analysenwerte des Standards wurden in eine X_i-R_2-Karte eingetragen. Das Führen der Regelkarte war somit zum „Nulltarif" möglich, da die Messungen für die Regelkarte sowieso durchgeführt wurden. Neu war lediglich das Auswerten dieser Daten mit Hilfe der Regelkarten. Wie zu erwarten, war der Prozeß nicht in statistischer Kontrolle. Es wurden Untersuchungen angestellt, Änderungen vorgenommen und Beobachtungen am Prozeß in die Regelkarte eingetragen. Die Mitarbeiter im Labor beteiligten sich ebenfalls an der Suche nach den Ursachen für die unnatürliche Variabilität. Nach mehreren Erkenntnissen und entsprechenden Korrekturen war aus dem NISK-Prozeß ein ISK-Prozeß geworden. Der Vergleich „ohne SPC" und „mit SPC" ist in Abb. 6.9 dargestellt. Nachdem dieser Prozeß längere Zeit in statistischer Kontrolle war, wurden die Intervalle zwischen den Standardmessungen und den Eintragungen in die Regelkarte deutlich verlängert. Hierdurch konnten die Kosten gesenkt werden, bei einer gleichzeitig erhöhten Sicherheit und Zuverlässigkeit der Analysenmethode. Nach diesem Erfolg wurde diese Vorgehensweise auf alle Analysenmethoden des Labors ausgedehnt. Damit konnten auch die Gesamtkosten des Labors minimiert werden. Der Kunde erhielt durch die Anwendung von SPC bei geringeren Kosten eine höhere Zuverlässigkeit der Analysenergebnisse als zuvor. Ein weiterer positiver Effekt zeigte sich in der Zusammenarbeit zwischen den Mitarbeitern der Abwasseranlage und den Mitarbeitern des analytischen Labors. Zuvor gab es häufig Schuldzuweisungen und Zweifel an der Glaubwürdigkeit der Analysenergebnisse. Nach der Einführung von SPC verbesserte sich das Verhältnis der Abteilungen untereinander wesentlich. Trat einmal ein unerwartet schlechtes Analysenergebnis auf, wurde nach der Regelkarte der Analysenmethode gefragt. Wenn die Antwort lautete, die Analysenmethode sei weiterhin ISK, wurde bereitwillig nach den Ursachen im eigenen Betrieb gesucht und die Analysenmethode nicht mehr angezweifelt.

6.1.5
Die Wiederfindungsrate der Methode zur Bestimmung
des chemischen Sauerstoffbedarfs in Abwasser, WFR-CSB

Die Überprüfung dieser Analysenmethode erfolgte mit einer Eichlösung. Die letzten 113 Werte wurden mit Hilfe einer Regelkarte (Abb. 6.10) ausgewertet. Bei der oberflächlichen Betrachtung sind keine Regelverletzungen und somit keine Hinweise auf unnatürliche Variabilität erkennbar. Lediglich zwischen der 38. und 49. Stichprobe liegen alle Werte der Spannweite unterhalb des Mittelwertes der Spannweite. Dies deutet auf eine reduzierte Streuung hin, die je-

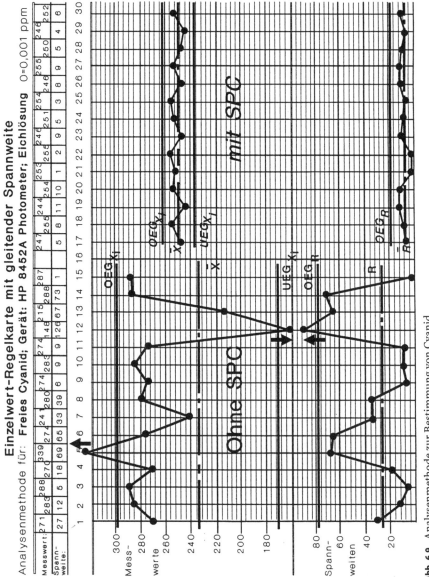

Abb. 6.9. Analysenmethode zur Bestimmung von Cyanid

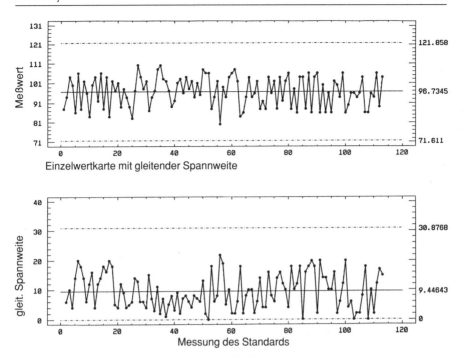

Abb. 6.10. Wiederfindungsrate der Analysenmethode CSB

doch reversibel war und im weiteren Verlauf wieder größer wurde. Das geübte Auge jedoch erkennt einen ungewöhnlichen Verlauf in der zweiten Hälfte, was zu weiteren Datenuntersuchungen führte. Die Anzahl der aufeinanderfolgenden Punkte über bzw. unter dem Mittelwert (auch „runs" genannt) beträgt 38. Entsprechend den statistischen Regeln werden jedoch für diesen Abschnitt nur 28 solcher „runs" erwartet. Die Anzahl der beobachteten Richtungswechsel beträgt 41, erwartet werden jedoch nur 35. Die Häufigkeitsverteilung (Abb. 6.11) gibt weitere Hinweise. Die Daten in der Regelkarte ergeben 3 separate Verteilungen mit jeweils einem Maximum bei 86, 95 und 104 Prozent. Zur Zeit werden in diesem Labor die Ursachen ermittelt. Betrachtet man die Eingriffsgrenzen, erkennt man die große Schwankungsbreite des Analysenverfahrens, nämlich 72 bis 122 Prozent. Gelingt es, die Ursachen für zwei Verteilungen zu eliminieren, so dürfte sich die Schwankungsbreite dieser Analysenmethode halbieren. Schon jetzt könnte man die Häufigkeit der Standardmessung reduzieren, da sowohl der Mittelwert als auch die Streuung sehr konstant sind.

6.1.6
Goldschichtdickenmessung im Prüflabor eines Produktionsbetriebes

In dem Produktionsbetrieb wurden keramische Bauteile für die Elektronikindustrie hergestellt. Die Metallteile wurden dabei mit Gold beschichtet. Über einen längeren Zeitraum kam es immer häufiger zu berechtigten Rekla-

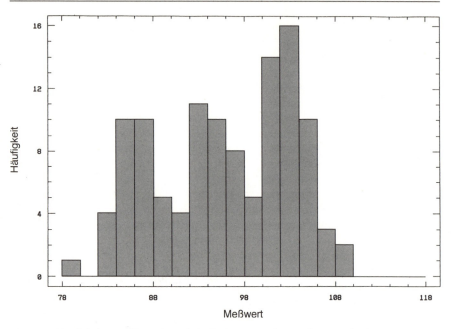

Abb. 6.11. Häufigkeitsverteilung der Wiederfindungsrate der Analysenmethode CSB

mationen der Kunden, da die Goldschichtdicke unter 60 µm lag. Ferner wurde in der Produktion 25 Prozent mehr Gold verwendet, als laut Vorschrift vorgesehen. Zu diesem Zeitpunkt wurde die statistische Prozeßkontrolle in der Produktion und im Labor eingeführt. Das Meßgerät, zur Bestimmung der Goldstärke, Betascope, wurde überprüft, indem ein vergoldetes Bauteil 50 Messungen unterzogen wurde. Die Auswertung an Hand der Regelkarte gab keine Hinweise auf Anwesenheit von unnatürlicher Variabilität. Die Regelkarte zeigte einen ISK-Prozeß mit Eingriffsgrenzen von 51 µm bis 88 µm. Diese große Streuung war die Ursache für beide Probleme. Für die Produktionssteuerung wurde nach dem Vergolden jeweils ein Bauteil im Labor einmal gemessen. Lag der gemessene Wert über 65 µm, so wurde nicht weiter vergoldet. Aufgrund der hohen Streuung des Meßgerätes war es jedoch möglich, daß die wirkliche Goldschichtdicke unter 60 µm lag. Dies führte dann unweigerlich zu einer Kundenreklamation. Andererseits konnte der gemessene Wert auch unter 65 µm liegen obwohl die wirkliche Goldschichtdicke weit über 65 µm lag. Dies führte zu einer unnötigen weiteren Vergoldung und war die Erklärung für den zu hohen Goldverbrauch. Die Untersuchung des Meßgerätes führte dann zu der Erkenntnis, daß der β-Strahler seine Lebensdauer überschritten hatte und dessen Intensität für die Messung zu gering war. Der Strahler wurde ausgetauscht. Die danach erfolgten 50 Goldschichtdickenmessungen zeigt Abb. 6.12. Die Streuung war deutlich geringer, die Kundenreklamationen hörten auf und die Produktion benötigte nur die in der ursprünglichen Kalkulation vorgesehene Menge Gold. Das Labor behielt das vergoldete Bauteil zur

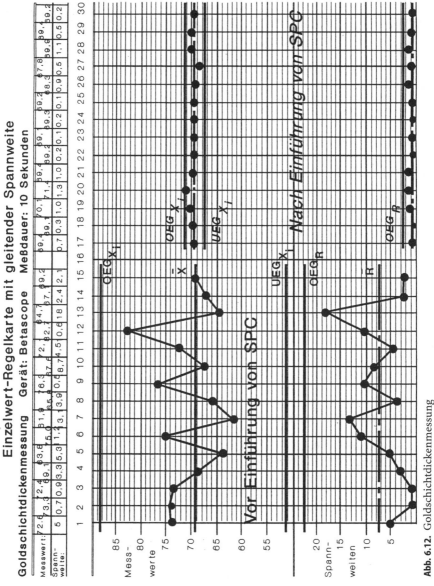

Abb. 6.12. Goldschichtdickenmessung

Überprüfung des Meßgerätes und verwendete von nun an die Regelkarte zur Überprüfung des Meßgerätes.

6.1.7
On-line-Messung Wasserstoff

In einem chemischen Betrieb wurde ein Reaktionsgas mit einem on-line Analysengerät auf den Gehalt an Wasserstoff analysiert. Jede Woche wurde dieses Gerät überprüft. Ein Wartungstechniker ging vor Ort, schloß das Gerät an das Eichgas an und verglich den Soll- mit dem Istwert. Bei einer Abweichung wurde das Gerät laut Vorschrift justiert. Der Vorgang wurde dann dokumentiert und mit Unterschrift bestätigt. Diese Aufzeichnung bildete die Grundlage für eine Auswertung durch eine Einzelwertregelkarte mit gleitender Spannweite (Abb. 6.13). Wie in der Abbildung zu erkennen ist, verfügt dieses Analysengerät über eine sehr kleine natürliche Variabilität. Zusätzlich ist noch eine wesentlich höhere unnatürliche Variabilität vorhanden, welche spontan auftritt. Es ist nicht erkennbar, ob diese sofort nach der Überprüfung auftritt oder erst am Ende des Prüfintervalles. Diese Regelkarte stellt eine wesentliche Hilfe für den Wartungstechniker dar. Nur wenn die beobachtete Abweichung zwischen Soll- und Istwert zu einer Regelverletzung führt, wird das Gerät justiert. Außerdem wird jetzt nach den Ursachen für die unnatürliche Variabilität gesucht, um diese in Zukunft abzustellen. Gelingt dies, kann die Zeitspanne zwischen den Überprüfungen bei einem ISK-Analysengerät eventuell verlängert werden. Ohne eine Regelkarte ist eine solche Entscheidungshilfe nicht gegeben.

6.1.8
Erkenntnisse und Folgerungen für die Analytik

Alle wichtigen Tätigkeiten und Abläufe im Labor sind Prozesse, die mit statistischer Prozeßkontrolle in Effektivität und Effizienz gemessen und verbessert werden können. Die Praxis hat gezeigt, daß die Prozesse, die nicht mit SPC betrachtet werden, zu mehr als 90 Prozent (im Jahr 1996) nicht in statistischer Kontrolle (NISK) sind. Dies trifft auch bei zertifizierten Organisationseinheiten und Labors zu. Bei einer Zertifizierung wird selten die Frage nach den zwei Arten der Variabilität gestellt und die Ursachen für unnatürliche Variabilität gesucht. Daher bietet die Zertifizierung keine Gewähr für beherrschte Prozesse in unserem Sinn. Oft ist ein Laborergebnis die Basis für Entscheidungen, z. B. zur Produktionssteuerung (s. Abschn. 6.1.6) zur Entscheidung über die Effizienz von Abwasserreinigungsanlagen oder zur Qualitätssicherung (s. Abschn. 6.1.3). Sehr zu begrüßen wären noch viele andere Verwendungen von SPC im Labor: Man denke an medizinische oder gerichtsmedizinische Untersuchungen oder an Untersuchungen bei Störfällen oder im Bereich des Umweltschutzes. In all diesen Fällen kann die Frage gestellt werden, was sind die Konsequenzen, falls dieser Laborprozeß nicht vorhersagbar ist und über unnatürliche, nicht steuerbare Variabilität verfügt? Die bisher benutzten Verfahren, einschließlich der herkömmlichen statistischen Verfahren waren unzurei-

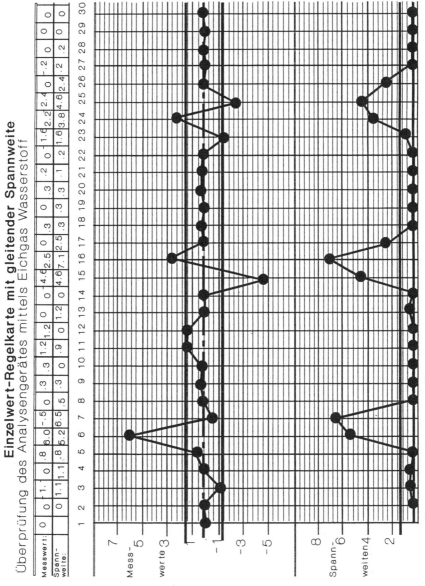

Abb. 6.13. Onlinemessung von Wasserstoff

chend. Die statistische Prozeßkontrolle bietet ein Werkzeug, eine konkrete Aussage über die Zuverlässigkeit der Prozesse zu geben, und ist gleichzeitig ein ideales Mittel zur Dokumentation. Da die Natur unaufhörlich auf ISK-Prozesse einwirkt, kann SPC ebenfalls bei ISK-Prozessen zur „on-line" Fehlerverhütung eingesetzt werden. Das Ziel bei der Anwendung von SPC ist nicht nur, den ISK-Zustand zu erreichen, sondern dient auch dazu, wie in den Beispielen 6.1.3 und 6.1.6 gezeigt, „fähige" Prozesse zu erhalten. Hierbei werden nicht nur Einflüsse vom Mitarbeiter, sondern auch solche von der Methode, dem Material und evtl. den eingesetzten Maschinen berücksichtigt, wie in Abb. 4.1 dargestellt ist. Zusätzlich zu den Qualitätsverbesserungen und der Transparenz stellt sich in den meisten Fällen noch gleichzeitig eine Kostensenkung ein, da bei der Anwendung von SPC der Überwachungs- und Kontrollaufwand drastisch reduziert werden kann. Allein aus diesem Grunde sollte jeder Laborleiter SPC praktizieren, auch wenn keine Forderung von außen besteht. Last but not least sei noch zu erwähnen, daß vielen Mitarbeitern die statistische Prozeßkontrolle einfach Spaß macht.

6.2
Business Unit Pigmente

In der Chemischen Industrie laufen viele Prozesse ab, kontinuierliche und diskontinuierliche, Fertigungs- und Dienstleistungsprozesse. Am Beispiel eines Produktionsbetriebes wird exemplarisch der Einsatz der Werkzeuge dargestellt. Hierbei wird jedoch keineswegs der Anspruch auf Vollständigkeit erhoben.

6.2.1
Vorprodukte

Bei der Ausarbeitung eines Prozesses zur Herstellung des Vorproduktes A wurde die statistische Prozeßkontrolle eingesetzt. Nach fünf Versuchschargen wurden weitere zwanzig Chargen mit konstanten Bedingungen hergestellt.

Die Ausbeuten dieser zwanzig Chargen bildeten die Basis für die Ermittlung der Eingriffsgrenzen und der Mittelwerte. Mit dieser Regelkarte wurde die Kleinproduktion überwacht. Während dieser Kontrollphase, dargestellt in Abb. 6.14, entdeckte man noch unnatürliche Variabilität. Die Ursachen wurden gefunden und abgestellt. Dadurch ergab sich ein Prozeß, der frei von unnatürlicher Variabilität ist (Abb. 6.15). Die beiden Gruppen von Chargen wurden miteinander verglichen (Abb. 6.16). Neben den Ausbeuten wurden die Verunreinigungen der einzelnen Chargen ermittelt, sowie der Schmelzpunkt, das Gewicht der technisch feucht anfallenden Ware, die getrocknete Menge und schließlich die errechnete Menge an Wirksubstanz. Alle diese Daten wurden mit Hilfe von Regelkarten auf unnatürliche Variabilität hin untersucht.

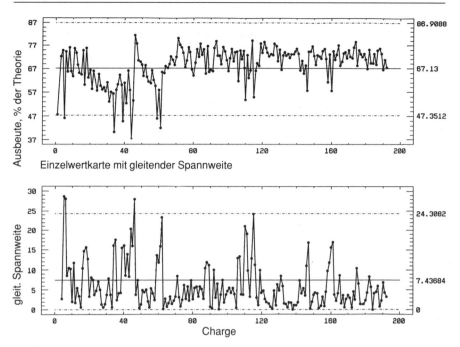

Abb. 6.14. Vorprodukt A, Ausbeute in Prozent der Theorie

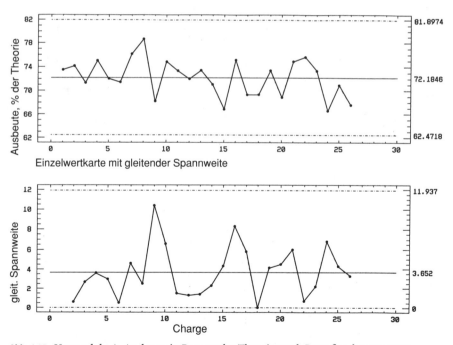

Abb. 6.15. Vorprodukt A, Ausbeute in Prozent der Theorie, nach Prozeßverbesserungen

Vorprodukt A
Korrelationsanalyse

	die ersten 160 Chargen	die letzten 30 Chargen
Ausbeute in % d. Th:	68,45 NISK	72,18 ISK
Verunreinigung in ppm:	27.7 NISK	7,8 NISK
Schmelzpunkt in Grd C:	123,0 NISK	124,4 ISK
kg technisch feucht:	888,0 NISK	960,7 ISK
kg technisch trocken:	673,0 NISK	728,0 ISK
kg Wirksubstanz:	658,4 NISK	7 10,0 ISK

Abb. 6.16. Korrelation in der Chemie

Man erkennt, daß die Ausbeute des NISK-Prozesses niedriger ist als die Ausbeute des ISK-Prozesses. Dieses Merkmal wurde in der chemischen Industrie bereits häufiger beobachtet. Die anderen Merkmale verhalten sich ähnlich. Die Verunreinigungen sind zwar NISK, jedoch auf einem wesentlich günstigeren Niveau. Der Schmelzpunkt für Chargen aus dem ISK-Prozeß verläuft hingegen ebenfalls ISK und liegt im Mittelwert auf einem besseren, höheren Niveau. Die Gewichte verhalten sich entsprechend. Bei diesem Prozeß, falls er über mehrere Monate den ISK-Status aufweist, könnte man den Lagervorrat gering halten. Andererseits ergibt sich aus dieser Erkenntnis eine einfache Methode, um zu erkennen, ob der chemische Prozeß noch über ein Verbesserungspotential verfügt. Wertet man längere Zeiträume mit Regelkarten aus, d. h. man führt eine Leichenschau durch, erkennt man manchmal auch besonders positive Fenster, die man auf Dauer einhalten sollte. Beispiel 6.4.2 bietet hierfür Anschauungsmaterial.

6.2.2
Produktion: Qualität

Die Produktionsqualität der Pigmente wird mit Regelkarten überwacht. Hier ergeben sich einige Schwierigkeiten, die jedoch von der Betriebsführung und von den Mitarbeitern in enger Zusammenarbeit überwunden wurden. Der Chemikant führt die Synthese im Reaktor durch und erfährt die Qualität des Pigmentes erst zehn bis zwölf Arbeitstage später, da nach der Synthese noch die Nachbehandlung, die Isolation, Trocknung und Mahlung erfolgt. Die Produktprüfung wird außerdem in einem gesondert geführten Prüflabor anhand einer Stichprobe vorgenommen, indem von dieser Probe ein

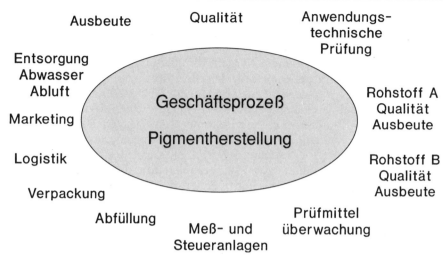

Abb. 6.17. Anwendungsmöglichkeiten der Werkzeuge

Lack erstellt und anwendungstechnisch ausgeprüft wird. Das Ergebnis wird dem Produktionsbetrieb elektronisch übermittelt. Der Betriebsassistent markiert die wesentlichen Ergebnisse in Farbe und der Chemikant trägt nun selbst diese Werte in die Regelkarte für das Pigment ein. Beobachtungen am Prozeß müssen hier immer gleich eingetragen werden, da die qualitativen Ergebnisse erst viel später eingetragen werden. Durch diese Vorgehensweise wird der Prozeß über einen längeren Zeitraum visualisiert, viele Mitarbeiter mehrerer hierarchischer Stufen und Schichten sind aktiv einbezogen und versuchen, auftretende unnatürliche Variabilität zu ergründen und in Zukunft zu vermeiden.

Das Ziel ist die gleichmäßige Qualität mit geringen Schwankungen, also ein fähiger ISK-Prozeß, mit dem Ziel, daß jede einzelne Charge für sich den Anforderungen entspricht. Neben den erwähnten Qualitätsverbesserungen würden durch geringeren Aufwand beim Homogenisieren, Handling und Lagerbestand auch Kostenreduzierungen erreicht. Die vielfältigen Einsatzmöglichkeiten von SPC sind in Abb. 6.17 visualisiert.

6.2.3
Produktion: Ausbeute

Die Ausbeuteüberwachung mit SPC wurde bereits ausführlich beim Vorprodukt A beschrieben. Die prinzipielle Vorgehensweise ist auch hier möglich. Als Störmöglichkeit könnte sich die kontinuierliche Aufarbeitung einer diskontinuierlichen Synthese herausstellen, da eine Vermischung der Chargen vorkommen kann. Eine qualitative Betrachtung ist aber dennoch bei diesen Prozessen möglich.

6.2.4
Produktion: Abfüllvorrichtung

Bei der Abfüllung von Pigment werden Abfüllautomaten eingesetzt, welche Säcke mit einem vorgegebenen Gewicht füllen. Hierbei ist ein gesetzlich vorgeschriebenes Mindestgewicht einzuhalten. Zur Sicherstellung wurde früher jeden Tag einmal von einem Laborangestellten der Nullpunkt jeder Abfüllanlage überprüft und das Ergebnis dokumentiert. Zusätzlich wurde einmal pro Monat eine Reihenfolge von 10 Säcke nachgewogen und die Ergebnisse mit einem Softwareprogramm ausgewertet. Ein Ausdruck zeigte zwei Möglichkeiten an: Die Abfüllanlage ist zu überholen oder die Abfüllanlage ist in Ordnung. Trotzdem war es in seltenen Fällen zu Reklamationen gekommen. Diese Abfüllanlagen wurden ebenfalls mit SPC versehen. Die Bediener der Anlage nehmen täglich zu Anfang ihrer Schicht und während ihrer Schicht jeweils einen gefüllten Sack, bestimmen das Gewicht auf einer separaten Waage und tragen den gefundenen Wert in eine Einzelwertkarte mit gleitender Spannweite ein (X_i-R_2-$Karte$). Durch diese kontinuierliche Überprüfung durch den Bediener wird eine Systemabweichung wesentlich früher entdeckt als zuvor. Tritt trotzdem einmal eine große, unzulässige Abweichung auf, wird diese mit hoher Wahrscheinlichkeit festgestellt. Es müssen in diesen seltenen Fällen lediglich die Säcke bis zur letzten Stichprobe einzeln nachgewogen und eventuell aussortiert und nachgearbeitet werden. Der Einsatz dieser Art von statistischer Prozeßkontrolle läßt eine Annäherung der Gewichte an den unteren Sollwert zu und garantiert gleichzeitig, daß das Mindestgewicht eingehalten wird. Hierdurch werden Kundenreklamationen bezüglich Gewichtsabweichungen eliminiert, da Qualität produziert und nicht erprüft wird. Die Annäherung an den Sollwert führt außerdem zu Kosteneinsparungen, da im Durchschnitt weniger Produkt verschenkt wird. Die tägliche Nullpunktkontrolle durch einen Mitarbeiter aus dem Labor kann ebenso entfallen, wie die monatliche Kontrolle von zehn Sackgewichten.

Die Bediener der Abfüllanlagen haben diese Technik bereitwillig angenommen, da sie ihnen mehr Transparenz des Abfüllprozesses bringt. Sie selbst verbesserten die Arbeitsweise der Regelkarten. Das gleiche Produkt wird manchmal in Säcke mit 25 kg und manchmal in Säcke mit 20 kg abgefüllt. Dafür hätten jeweils separate Regelkarten angelegt werden müssen, da der Mittelwert nicht identisch ist. Statt dessen schlugen sie vor, jeweils nur die Abweichung vom Sollwert in die Regelkarte einzutragen. Dies wurde mehrere Wochen ausprobiert. Da sich keine Nachteile einstellten, wurde diese Vorgehensweise beibehalten.

Es bleibt zu erwähnen, daß die Regelkarte auch für die Handwerker der Waagenwerkstatt Vorteile bietet. Wenn tatsächlich einmal Störungen an den Abfüllanlagen auftreten, gibt die Regelkarte Hinweise, ob und in welcher Weise Störungen in der Vergangenheit auftraten oder ob diese Störung produktspezifisch ist.

6.2.5
Produktion: Prüfmittelüberwachung der Waagen

Schließlich sollte noch erwähnt werden, daß die separate Waage zur Gewichts-
bestimmung ebenfalls mit einer Regelkarte überwacht wird, indem von einer
bestimmten Masse in regelmäßigen Abständen das Gewicht bestimmt wird
und dieses Gewicht in eine Regelkarte eingetragen wird. Hierdurch kann das
Intervall zwischen den Eichungen durch das Eichamt verlängert werden, wobei zusätzlich durch SPC eine höhere Sicherheit erreicht wird.

6.2.6
Produktprüfung, anwendungstechnische Prüfmethode und Prüfmittel

Die qualitative Prüfung der Pigmente im Prüflabor erfolgt durch den Prüfprozeß, wie bereits in der Abb. 4.2 dargestellt. Jede eintreffende Betriebsprobe
wird im Vergleich zum Standard geprüft, um Schwankungen in der Prüfmethode auszuschalten. Bei der Einführung von SPC im Prüflabor wurde festgestellt, daß einige Prüfprozesse frei von unnatürlicher Variabilität, d.h. ISK
sind. Die Konsequenz war, bei diesen Prüfprozessen den Standard nicht mehr
bei jeder Prüfung der Betriebsprobe mit auszuprüfen, sondern lediglich einmal jede Woche zur Überprüfung des Prozesses durchzuführen. Die hierdurch
erreichten Einsparungen liegen bei ungefähr 130 000 DM pro Jahr. Da jetzt gegen einen konstanten Wert geprüft wird, ist die Gefahr der Überjustierung bei
der Prüfung nicht mehr möglich. Es wird eine höhere Qualität, verbunden mit
geringeren Kosten, erreicht.
   Die im Prüfprozeß verwendeten Meßgeräte, bzw. Prüfmittel werden ebenfalls
mit Regelkarten überwacht, um auftretende, unnatürliche Variabilität zu erkennen, die Ursachen zu ermitteln und diese zu entfernen, mit dem Ziel, fähige ISK-
Meßgeräte, bzw. Prüfmittel bei den Prüfprozessen einzusetzen. Dies führt ebenfalls zu Qualitätsverbesserungen, verbunden mit Kostenreduzierungen.

6.2.7
Pigmentmarketing

Im Marketing laufen vorwiegend Dienstleistungsprozesse ab. Diese können in
Teilprozesse aufgegliedert und einzeln mit Regelkarten untersucht werden.
Auf diese Weise läßt sich erkennen, ob diese Prozesse zusätzlich zur natür-
lichen auch noch die unnatürliche Variabilität aufweisen.
   Eine Übersicht über die Einsatzmöglichkeiten der statistischen Prozeßkon-
trolle an einem Geschäftsprozeß gibt Abb. 6.17.

6.2.8
Erkenntnisse und Folgerungen für die Pigmentherstellung

Die universelle Sequenz und die statistische Prozeßkontrolle sind Werkzeuge,
die dazu beitragen, die erreichte hohe Qualität zu erhöhen und gleichzeitig die
Kosten zu reduzieren. Die Beispiele zeigen die Durchführbarkeit.

6.3
Farbstoffe und Fasern

Die Prüfung von Farbstoffen wurde in dieser Gruppe aufgenommen, da sie besonderen Einfluß auf die Faserfärbung ausübt. In der Faser- und auch Textilindustrie kommen sehr viele kontinuierliche Prozesse vor, die kurze Verweilzeiten und z. T. einen hohen mechanischen Verfahrensanteil aufweisen.

6.3.1
Produktprüfung Farbstoffe

Die Qualität der synthetischen Farbstoffe wird durch einen Prüfprozeß, wie in Abb. 4.2 dargestellt, bestimmt. Dabei werden Farbton und Konzentration der Probe ermittelt. Um die Schwankungen bzw. Abweichungen im Prüfprozeß zu minimieren, wird parallel zur Betriebsprobe stets der Standard geprüft. Die Auswertung der Betriebsprobe erfolgt dann als Vergleich zum Standard. Diese Vorgehensweise hat sich in der Vergangenheit bewährt und ist international anerkannt. Der Aufwand zum Prüfen des Standards ist jedoch erheblich.

Im Prüflabor für die Farbstoffe wurde die statistische Prozeßkontrolle eingeführt. Die Meßwerte vom Standard wurden in eine Regelkarte (X_i-R_2-Karte) eingetragen, um die Variabilität des Prüfprozesses zu verfolgen und zu analysieren. Es wurden viele Beobachtungen in die Regelkarte eingetragen, aber auch nach einem längeren Überprüfungszeitraum konnte kein Durchbruch erreicht werden. Ein Außenstehender empfahl dann, mit Hilfe eines Ishikawa-Diagramms systematisch alle möglichen Ursachen für die unnatürliche Variabilität zusammenzustellen. Die Mitarbeiter aus den Labors konnten mehr als vierzig mögliche Ursachen ermitteln. Einige Tage später war ein Labormitarbeiter, der auch an der Erstellung der Ideensammlung beteiligt war, mit einer Farbstoffprüfung beschäftigt. Er nahm für die anstehende Färbung drei Stofflappen aus einer Gewichtsklasse und legte sie auf den Labortisch. Als er sie später bei der Färbung einsetzen wollte, fiel ihm die unterschiedliche Größe der Lappen auf. Er erinnerte sich an die Suche nach den Ursachen für die unnatürliche Variabilität und überlegte, ob die unterschiedliche Fläche wohl eine der Ursachen sein könnte. Zuerst überprüfte er die Gewichte und stellte fest, daß diese absolut konstant waren. Dann ging er zu seinem Vorgesetzten und erzählte ihm die Beobachtung. Die Gewichte wurden nochmals im größeren Rahmen überprüft. Es bestätigte sich, daß die zur Verwendung kommenden Stofflappen in den einzelnen Gewichtsklassen konstante Gewichte, zum Teil aber über unterschiedliche Flächen verfügten. Dieser Wissensdurchbruch führte dann zu entsprechenden Korrekturen. Die Variabiltität des Prüfverfahrens konnte reduziert werden. Das Ziel ist ähnlich wie bei der Pigmentprüfung. Langfristig soll die Kontrollprobe wegfallen, wenn der Prüfprozeß fähig und in statistischer Kontrolle ist. Dadurch werden eine Überjustierung verhindert, die Qualität erhöht und die Prüfkosten gesenkt.

6.3.2
Präparation von Textilien

Synthetische Fasern werden bei der Herstellung mit einer Präparationsauflage versehen, um die Verarbeitungseigenschaften zu sichern. In einem Faserunternehmen gab es trotz entsprechender Qualitätssicherung Kundenreklamationen bezüglich Verarbeitungseigenschaften, die möglicherweise auf die Präparation zurückzuführen waren. In der Produktionsabteilung wurde u. a. SPC eingeführt, und ein Team befaßte sich mit diesem Problem. Eine Regelkarte mit den Werten vom Präparationsauftrag zeigte unnatürliche Variabilität an. Das Team entwickelte mögliche Ursachen, testete diese und fand schließlich die Hauptursache für die unnatürliche Variabilität. Nach der entsprechenden Korrektur zeigte sich der gewünschte Effekt in der Regelkarte. Die Eingriffsgrenzen, welche vor der Korrektur häufiger überschritten wurden, konnten eingehalten werden und im weiteren Verlauf der Prozeßbeobachtung war es möglich, die Eingriffsgrenzen aufgrund des geringeren Mittelwertes der gleitenden Spannweiten zu revidieren, d. h. um ca. dreißig Prozent zu verringern. Auch diese revidierten Grenzen konnten eingehalten werden. Der Prozeß war in bezug auf die Präparationsauflage in statistischer Kontrolle. Die Qualität der Präparationsauflage entsprach den Erwartungen. Die Reklamationen hörten auf. Die Kundenzufriedenheit stieg, die Kosten der Nichtübereinstimmung oder Qualitätskosten für diesen Mangel von vorher ca. 400 000 DM jährlich konnten nahezu vollständig eingespart werden.

Im Laufe des Verbesserungsprozesses wurden folgende Einzelmaßnahmen durchgeführt:

- Statt Ablassen bzw. Ergänzen der Präparation wurde die Dosierung variiert.
- Auf Ausreißer, bedingt durch die Abdampfwaage (Fehlmessung) wurde nicht mehr sofort reagiert, sondern erst eine Nachmessung durchgeführt.
- Nur solche Abdampfwaagen wurden verwendet, die aufgrund einer Überprüfung mit Eichlösung als am zuverlässigsten erkannt wurden.
- Es wurde erkannt, daß die Abdampfwaagen sehr störanfällig sind und – wie Messungen mit Eichlösungen gezeigt haben – nicht in statistischer Kontrolle sind. Vergleichsmessungen an Eichlösungen im Trockenschrank zeigten eine bessere Reproduzierbarkeit der Meßwerte im Vergleich zur Abdampfwaage. Der Vorteil der Abdampfwaage liegt aber im wesentlich einfacheren Handling und in der kürzeren Bestimmungszeit. Das Ergebnis dieses Projekts war eine gleichmäßigere Präparationsauflage.

6.3.3
Färben von texturierten Fäden

Die Fäden wurden diskontinuierlich in Autoklaven, welche von einem Prozeßleitsystem gesteuert und geregelt werden, gefärbt. Trotz Automatisierung und ständigem Bemühen, den Färbeprozeß zu optimieren, war bei ungefähr fünfzehn Prozent der Chargen eine Umfärbung erforderlich. Die optische Erscheinung der gefärbten Fäden entsprach in diesen Fällen nicht den Erwartungen. Die Abteilung führte die statistische Prozeßkontrolle ein. Mit Hilfe der Regelkarte wurde der Prozeß auf seine Variabilität hin untersucht. Ursachen für die unnatürliche Variabilität wurden gefunden und abgestellt. Der Prozeß wurde verbessert. Innerhalb von drei Jahren ging der Anteil an Fehlfärbungen von ca. 15 auf weniger als 5 Prozent zurück. Die Anwendung von SPC und die damit verbundene Bewußtseins-Schärfung war der Hauptfaktor bei diesem Erfolg.

6.4
Allgemeine Produktion in der chemischen Industrie

Die folgenden Beispiele aus unterschiedlichen Abteilungen und Branchen der Chemischen Industrie sollen die vielfältige Anwendungsmöglichkeit von SPC andeuten.

6.4.1
Kapazitätserweiterung der Acetonkolonne

Die Herstellung eines Wirkstoffes erfolgt durch thermische Spaltung und anschließender Reinigung mit einem Gemisch aus Wasser und Aceton. Dieses Lösungsmittelgemisch wird zurückgewonnen, in einer Rektifikationskolonne aufkonzentriert und das Aceton wiederum als Lösemittel eingesetzt. Die Acetonkolonne erreichte schon unter normaler Last die Grenzen zur reproduzierbaren Trennung von Aceton und Wasser. Daher wurde ein interdisziplinäres Team aus Chemikern und Ingenieuren des Produktionsbetriebes, der Betriebsbetreuung und der Prozeßtechnik gebildet. Das Team sollte die Ursachen mit dem Ziel erforschen, auch nach einer Kapazitätserweiterung des Produktionsbetriebes mit der vorhandenen Acetonkolonne eine gleichbleibende Qualität bei höherer Belastung zu erreichen.

Das Team führte Regelkarten ein, um mehr Transparenz über das Trennverfahren zu erhalten. Wie zu erwarten, zeigte sich im Prozeß unnatürliche Variabilität. Zusätzlich wurden Korrelationsanalysen zwischen betrieblichen Zuständen und den Qualitätsdaten durchgeführt. Es ergaben sich einige Wissensdurchbrüche, und als Ursachen für die unnatürliche Variabilität wurden erkannt:

- Druckänderungen in der Abgasleitung zum Betrieb,
- Standschwankungen im Kondensatsammelgefäß,
- Sollwertveränderungen am Temperaturregler im Verstärkerteil der Kolonne,
- Azeotropgemische in der Mutterlauge,
- Sollwertveränderungen am Differenzdruckregler, weil diese Regelung lastabhängig mit falschem Wirkungssinn gearbeitet hatte (weniger Dampf bei mehr Zulauf),
- unregelmäßiger Wärmeaustausch im Umlaufverdampfer durch Änderungen des Sumpfstandes,
- zusätzliches Einleiten von Heizdampf in den Verdampfer, um Energie aus anderen Anlagenteilen zu nutzen.

Nachdem diese Ursachen für die unnatürliche Variabilität erkannt wurden, konnte die Acetonkolonne mit Hilfe modellgestützter Regelungstechnik optimiert werden. Außerdem wurden aus den Aufzeichnungen der Regelkarten direkt Erkenntnisse gewonnen, welche ebenfalls zu weiteren Verbesserungen der Anlage führten.

Mit Hilfe der SPC-Werkzeuge Regelkarte und der Korrelationsanalyse wurde ein neues Regelungskonzept gefunden, mit dem die vorgesehene Investition von 2 Millionen DM zur Erweiterung der Anlage eingespart werden konnte, weil die Acetonkolonne nach den Verbesserungen auch bei höherer Last eine gleichbleibende Acetonqualität liefert. Durch diese Teamarbeit werden zusätzlich Einsparungen von jährlich 50 000 DM an Personal, 30 000 DM an Energie und 30 000 DM an Ausbeute erreicht. Der Aufwand zum Erreichen des Ergebnisses betrug einmalig 60 000 DM.

6.4.2
Rektifikation von Lösungsmittel[1]

Ein Lösungsmittel M fällt als Kopfprodukt bei der Rektifikation eines Lösungsmittelgemisches an. Es ist durch Spuren durch das Lösungsmittel T verunreinigt. Der obere Grenzwert dieser Verunreinigung liegt bei 50 ppm. Alle drei Stunden wird eine Probe gaschromatographisch auf den Gehalt an Verunreinigung analysiert. Zeitweilig wird diese Grenze überschritten. Dann muß das Produkt, welches anschließend gewonnen wird, wesentlich reiner anfallen, um die zwischenzeitlich angefallene Produktmenge mit der reineren Ware zu mischen. Dieses Verfahren ist kostentreibend, da die höhere Reinheit mit einem erhöhten Dampfverbrauch verbunden ist.

Der Betriebsbetreuer nahm sich dieser Situation an und führte SPC ein. Er legte eine Regelkarte von der Verunreinigung an. Die Mitarbeiter der Produktion trugen alle drei Stunden die Konzentration der Verunreinigung in die Einzelwertkarte mit gleitender Spannweite ein. Ferner wurden Kennwerte der Regelungstechnik und weitere Betriebszustände der Anlage dokumentiert. Wie zu erwarten war, zeigte die Regelkarte für den Prozeß eine unnatürliche Variabilität. Gemeinsam konnten auch die Ursachen gefunden werden. Manche dieser Ursachen wurden schon vorher als mögliche Störgrößen erkannt: Änderung der Einlaufmenge, der Stoffzusammensetzung, der Einlauftemperatur, mengenabhängiges Trennverhalten der Kolonne wegen der hydraulischen Belastung und Heizdampfschwankungen. Durch die Anwendung der statistischen Prozeßkontrolle fand man weitere Ursachen für die unnatürliche Varia-

---

[1] Herr Dr. Rathert von der Betriebsbetreuung kommentierte diese Ergebnisse wir folgt: Die Anwendung von SPC gleichzeitig mit Mitteln der Automatisierung (APC) ist nach den in diesem Beispiel gemachten Erfahrungen kein Widerspruch, sondern aus regelungstechnischer Sicht eine sinnvolle Ergänzung zum Optimieren eines Mehrgrößenregelsystems bei einer komplexen verfahrenstechnischen Regelstrecke. Es ist gerechtfertigt, SPC bei geregelten verfahrenstechnischen Prozessen einzusetzen. APC und SPC ergänzen sich zu einem Gesamtkonzept, welches die Betriebsführungaufgabe einer optimalen Qualitätskontrolle wesentlich unterstützt.

bilität: Verstellen des Rücklaufverhältnisses durch die Bedienungsmannschaft aufgrund von Betriebsanweisungen, Druckschwankungen durch das Umschalten der Vorratsgefäße und zu große Sollwertänderungen am Einlaufregler. Weitere Erkenntnisse ergaben sich durch die Korrelationsanalysen von Betriebszuständen, Regelungsparametern und den Analysenwerten der Qualität. All diese Erkenntnisse führten zu neuen Fahranweisungen an die Bediener oder zu Änderungen im Regelsystem. Die Richtigkeit der Maßnahme konnte jeweils mit der Regelkarte verfolgt werden. Insgesamt ergab sich ein verbessertes Regelsystem, verbunden mit einer optimaleren Fahrweise. Auf diese Weise konnten jährlich 280 000 DM für Dampf und Kühlwasser eingespart werden.

6.4.3
Salzsäurereinheit bei der Herstellung eines Zwischenproduktes

Bei der Herstellung eines Zwischenproduktes fällt zwangsweise Salzsäure an. Nach der Reaktion wird das Produktgemisch der Salzsäurekolonne zugeleitet. Am Kopf der Kolonne wird das leichtsiedende Salzsäuregas entnommen, das noch mit Spuren von Fluorwasserstoff verunreinigt ist. Die Konzentration der Verunreinigung wurde als Qualitätsmerkmal in die Regelkarte eingetragen und der Trennprozeß anhand dieses Merkmals auf natürliche und unnatürliche Variabilität verfolgt. Durch das Führen der Regelkarte und durch eine Korrelationsanalyse wurde erkannt, daß eine der Ursachen für die unnatürliche Variabilität in der nicht optimalen Einstellung der Kälte am Kopf der Kolonne lag. Die dadurch im Kolonnensumpf erfolgte Phasentrennung führte zum Abriß der Strömung im Umlaufverdampfer. Eine zusätzliche Kälteregelung am Kopfkondensator der Kolonne konnte das Problem lösen. Der SPC-Zyklus in Abb. 4.9 mußte mehrmals durchlaufen werden, da es mehrere, sehr unterschiedliche Ursachen für unnatürliche Variabilität gab. Anhand der Regelkarten wurde der Einfluß der Dosierung der Reaktanten im Reaktor, speziell die Handverstellungen von Hähnen auf der Saugseite der Dosierpumpen, erkannt. Als weitere Ursachen für unnatürliche Variabilität stellten sich die Standschwankungen der Vorlagegefäße sowie Verschmutzungen der Produkte heraus. Diese Ursachen konnten mit einer Therapie, nämlich einer Handhabungsvorschrift, korrigiert werden. Die Regelkarte dokumentiert die Einhaltung der Vorschrift. Durch die konsequente Anwendung von SPC ergaben sich folgende Ergebnisse:

- Optimierung des Mehrfachregelsystems,
- Verbesserung der Produktqualität,
- Kostenersparnis durch Eliminierung eines Umbaus der Kolonne von 600 000 DM bei einem Aufwand von ca. 60 000 DM.

Besonders erwähnenswert ist hier ein Erfolgsfaktor, der auch bei der Standardanwendung von SPC eine Rolle spielt. Der Betriebsbetreuer war wirklich überzeugt, daß jede Regelverletzung und damit die unnatürliche Variabilität auf einen bestimmbaren Zustand beruht, der jedoch nicht unbedingt bekannt sein muß. Es ist dann die Aufgabe des Teams, diese Ursache zu erkennen.

6.4.4
Partikel in Glasflaschen

Ein bestimmter Wirkstoff wird als klare, wäßrige Lösung vermarktet. Nach einer Reklamation über Partikel in den Glasflaschen, bestand die Gefahr, einen wichtigen Kunden zu verlieren. Ein Projektteam wurde gebildet und erhielt die Aufgabe, die Ursachen zu erkennen und eine Therapie zu erarbeiten. Eine Analyse von vorhandenen Daten mit Regelkarten, eine sogenannte Leichenschau, brachte keinen Wissensdurchbruch. Daraufhin wurde die Ursachenfindung nach der universellen Sequenz systematisch eingesetzt. Ein Ishikawa-Diagramm wurde im Team erstellt (Abb. 6.18) um mögliche Ursachen zu ermitteln. Die Teammitglieder waren der Betriebsleiter, Betriebsassistent, Meister, stellvertretender Vorarbeiter, Betriebsingenieur, Ingenieur der Meß- und Regeltechnik sowie ein Moderator, der lediglich auf die Anwendung der universellen Sequenz und SPC achtete. Nachdem alle Theorien aufgelistet waren, wurden im Team Prioritäten gesetzt. Anschließend wurde ein Aktionsplan zum Testen der Theorien entworfen. Das Ergebnis war ein doppelter Wissensdurchbruch: Die für die Qualitätssicherung eingesetzte optische Prüfanlage hatte bei diesem speziellen Produkt in dieser speziellen Konzentration einen signifikanten, bisher nicht erkannten Schlupf. Außerdem wurde festgestellt, daß diese Partikel nicht durch eine Filtration zu beseitigen sind. Eine Korrektur wurde durchgeführt und seitdem sind keine Reklamationen mehr aufgetreten, wodurch der Marktanteil gesichert werden konnte. Der Aufwand

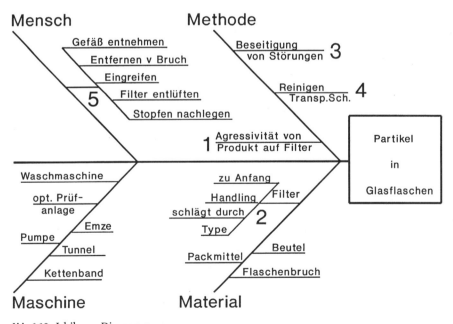

Abb. 6.18. Ishikawa-Diagramm

für dieses Projekt bestand in fünf Teamsitzungen zu je acht Mitarbeitern. Die technischen Kosten für die Problemlösung beliefen sich auf 32 000 DM.

6.4.5
Produktion: Verpackung

In der Verpackungsabteilung gab es Probleme mit zerstörten Faltschachteln. Daher wurde ein funktionsübergreifendes Projektteam aus betreuenden Mechanikern, Mitarbeitern der Verpackungsabteilung und Mitarbeitern der Packmittelabteilung gebildet. Durch den Einsatz der universellen Sequenz konnten die Ursachen gemeinsam im Team ermittelt werden. Der Wissensdurchbruch ergab Hinweise für konstruktive Änderungen an der Kartoniermaschine und Änderungen an der Maschineneinstellung. Diese Maßnahmen beseitigten das Problem.

Die Leistung der Verpackungslinie konnte von 20 000 Einheiten pro Tag auf ca. 25 000 Einheiten pro Tag gesteigert werden. Ein sehr positiver Nebenaspekt war, daß die Spannungen zwischen dem Betriebspersonal und der betreuenden Werkstatt abgebaut wurden.

6.4.6
Produktionsmöglichkeit höherwertiger Produkte

In einer Produktionseinheit der chemischen Industrie zur Herstellung hochreiner Flüssigkeiten wurde die statistische Prozeßkontrolle eingeführt. Die Qualität des Produktes wurde in die Regelkarte eingetragen. Hierbei wurden zeitliche Fenster mit noch höheren Reinheiten entdeckt. Es wird derzeit untersucht, ob für die neue Reinheit ein Markt besteht, da diese Qualität ohne zusätzliche Investitionen in der vorhandenen Anlage produziert werden kann.

6.5
Service Units der chemischen Industrie

6.5.1
Technikabteilung

In der Technikabteilung der Hoechst AG wurde die formale Qualitätsarbeit 1990 eingeführt. Unter der Leitung des Ressortleiters und unter Beteiligung aller Abteilungen wurde ein Lenkungsausschuß gebildet. In den Abteilungen wurden, wie in Abb. 6.19 dargestellt, Unterlenkungsausschüsse gebildet, deren Leiter die Mitglieder im Lenkungsausschuß sind. Die einzelnen Betriebe bilden die Qualitätsteams. Die Aufgaben und Definitionen sind im Kapitel 3 beschrieben. In einem Zeitraum von viereinhalb Jahren konnten anhand von 173 Projekten die Qualität der Dienstleistungen innerhalb der Technik und die Qualität der betreuten Prozesse erhöht und gleichzeitig die Kosten reduziert werden (Abb. 6.20). Die jährlichen Einsparungen betrugen etwa 6 Millio-

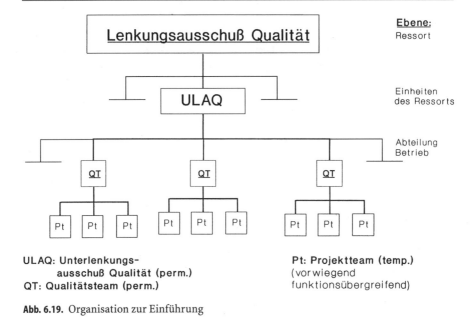

ULAQ: Unterlenkungs-
      ausschuß Qualität (perm.)
QT: Qualitätsteam (perm.)

Pt: Projektteam (temp.)
(vorwiegend
funktionsübergreifend)

Abb. 6.19. Organisation zur Einführung

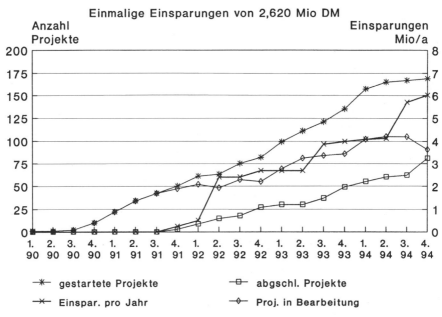

Abb. 6.20. Entwicklung der Qualitätsverbesserungen

nen DM. Der Gesamtaufwand durch Schulungen, Treffen des Lenkungsausschusses, der Unterlenkungsausschüsse, der Qualitätsteams und der Projektteams betrug etwa 3 Millionen DM. Die Beispiele unter 6.4 wurden von der Technik initiiert und durchgeführt.

6.5.2
Termineinhaltung in der Werkstatt

In einer Werkstatt gab es mehrere Symptome: Stark schwankende Liefer- und Fertigstellungstermine, häufige Terminüberschreitungen, Kundenbeschwerden und Überstunden. Diese Symptome wurden mit einem Qualitätsprojekt verbessert, wobei die universelle Sequenz und die statistische Prozeßkontrolle angewandt wurden. Der Betriebsleiter ernannte ein Team, bestehend aus dem Betriebsassistenten, Betriebsmeister, zwei Arbeitsvorbereitern und dem Qualitätsbeauftragten. Zunächst wurden die Terminabweichungen in einer Regelkarte, wie in Abb. 6.21 links dargestellt, aufgezeichnet und mögliche Gründe für Abweichungen festgehalten. Hierbei wurden zwei Arten von Ursachen festgestellt, interne und externe Einflußfaktoren. Für die internen Einflußfaktoren ergab sich auch ein Wissensdurchbruch:

- Terminwünsche des Betriebes wurden in der Praxis berücksichtigt, nicht jedoch bei Auftragserfassung im EDV-System.
- Der hohe Planungsaufwand und geringe Termineinhaltungsgrad bei Kleinaufträgen.
- Hoher Aufwand für Planänderungen im EDV-System.
- Falsche Kapazitätsfaktoren für Fehlstunden (Urlaub, Krankheit) und nicht planbare Arbeiten (Betriebsstörungen, Wartungsaufträge).

Für die oben dargelegten internen Einflußfaktoren wurden folgende Therapien eingeführt:

- Neue Kapazitätsfaktoren,
- Regelkarten getrennt nach Arbeitsgruppen führen,
- Berücksichtigung der Wunschtermine durch verbesserte Absprachen der Teilbereichsmeister und den Mitarbeitern in der Arbeitsvorbereitung,
- regelmäßige Kapazitätsbesprechungen zwischen Werkstatt und der Arbeitsvorbereitung,
- Anhebung der Mindestplanzeit auf acht Stunden und
- bei nicht gesichertem Material-Liefertermin erfolgt die Planung erst nach Materialeingang.

Aufgrund dieser Korrekturen wurde die unnatürliche Variabilität wesentlich reduziert. Die externen Einflußfaktoren wurden ebenfalls analysiert. Informationen wurden systematisch gesammelt und ausgewertet. Die Paretoanalyse (Abb. 6.22) zeigt die Ursachen und die Häufigkeiten:

- das extern zu beschaffende Material fehlt,
- die Rohrhalterungen zur Montage fehlen,
- Material im technischen Lager ist vergriffen,

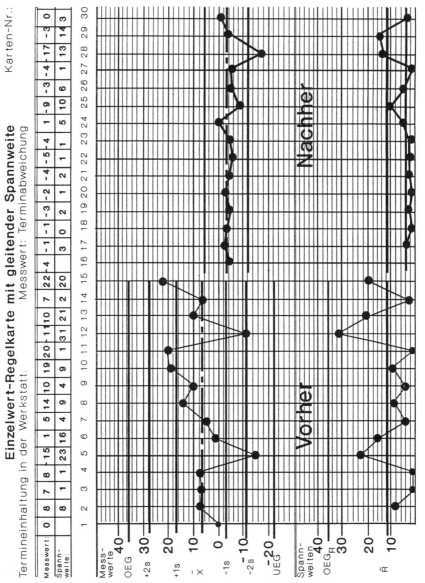

Abb. 6.21. Verbesserung der Termineinhaltung der Werkstatt

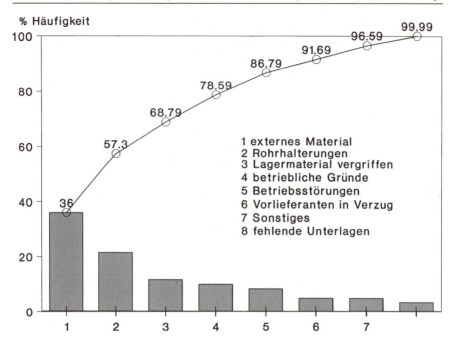

Abb. 6.22. Paretoanalyse der externen Einflußfaktoren

- betriebliche Gründe lassen eine Montage nicht zu,
- Betriebsstörungen wurden vorgezogen,
- Vorlieferanten gerieten in Verzug,
- Sonstiges und
- fehlende Unterlagen

waren die Gründe. Da das extern zu beschaffende Material mit dreißig Prozent an den externen Einflußfaktoren beteiligt ist, wurde hier eine weitere Pareto-analyse durchgeführt (Abb. 6.23). Das GFK-Rohr bildet zur Hälfte die Ursache für Lieferterminüberschreitungen bei extern zu beschaffendem Material.

Die Diagnose erfolgte durch Sammeln von Informationen, Auflisten aller Bestellvorgänge nach Bestellmengen, Terminen, Lieferanten und durch Nach-fragen. Außerdem erfolgten Gespräche mit der Beschaffung und den Lieferan-ten. Der Wissensdurchbruch ergab als Ursachen:

- Den hohen Zeitaufwand durch Wettbewerbsvergleiche vor den Vergaben,
- die hohe Nachfrage am Markt,
- die zeitlich bevorzugte Belieferung durch die Lieferanten an deren Stamm-kunden und
- unklare Bestellspezifikationen.

Entsprechende Korrekturen wurden eingeführt:
- Einführung neuer Bestellspezifikationen,
- Ermitteln des voraussichtlichen Jahresbedarfs,

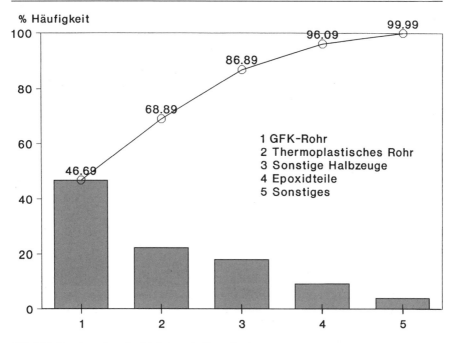

% Häufigkeit

1 GFK-Rohr
2 Thermoplastisches Rohr
3 Sonstige Halbzeuge
4 Epoxidteile
5 Sonstiges

Abb. 6.23. Paretoanalyse der Lieferterminüberschreitungen

- Ausschreiben des Jahresabrufauftrags im Wettbewerb (Beschaffung),
- Durchführen von Audits bei den potentiellen Lieferanten zusammen mit der Beschaffung und
- Festlegen des Jahresabrufauftrags und der Mindestlagerbestände zusammen mit den Lieferanten.

Diese Vorgehensweise wurde auf andere Beschaffungsmaterialien ausgedehnt.

Auch für die fehlenden Halterungen, die nächsthäufige Ursache für die unnatürliche Variabilität, wurde die Diagnose durchgeführt und eine Korrektur ergriffen: Es wurde ein am Markt erhältliches Rohrhalterungssystem eingeführt. Dafür wurden Arbeits- und Montageanleitungen erstellt und die Handwerker entsprechend geschult.

In diesem Beispiel gab es mehrere und dazu sehr unterschiedliche Symptome. Daher wurde die Diagnose mehrmals durchgeführt. Die Regelkarte diente dazu, die Effizienz der Maßnahmen zu überprüfen. Als Folge der ergriffenen Maßnahmen konnten die Terminabweichungen drastisch reduziert werden (Abb. 6.21, rechts als Ausschnitt) und durch die getroffenen Maßnahmen zudem auch die Kosten gesenkt werden. Das neue System kostet im Vergleich zum alten System um ca. 275 000 DM pro Jahr weniger, und gleichzeitig stieg auch die Kundenzufriedenheit signifikant.

6.5.3
Revision von Eisenbahnkesselwagen

In der Eisenbahnwerkstatt wurden ebenfalls die Geschäftsprozesse ständig verbessert. Ein Projektteam befaßte sich mit der Revision von Eisenbahnkesselwagen. Da die Kostenbetrachtung bei dieser Diagnose über mehrere Jahre verlief, wurden die zur Revision jeweils benötigten Arbeitsstunden in eine Einzelwertregelkarte mit gleitender Spannweite eingetragen. Die Teammitglieder erkannten unnatürliche Variabilität, fanden die Ursachen und konnten den Prozeß verbessern. Die Regelkarte ist jetzt u.a. eine Entscheidungshilfe bei Revisionen, ob sich eine Reparatur lohnt, oder ob eine Verschrottung wirtschaftlicher ist. Die jährliche Einsparung beträgt in diesem Fall etwa 35 000 DM.

6.5.4
Durchlaufzeit von Komponenten

Eine Werkstatt besorgt Komponenten von externen Lieferanten und gibt sie nach Registratur und Funktionsprüfung an die internen Kunden weiter. Dieser Geschäftsprozeß wurde ebenfalls auf seine Variabilität hin untersucht. Historische Daten der Durchlaufzeiten wurden in eine Regelkarte eingetragen und die Eingriffsgrenzen ermittelt. Zur Überraschung der Betriebsleitung ergab sich ein Mittelwert von 12,6 Tagen und eine obere Eingriffsgrenze von 24,1 Tagen. Zuvor hatte sich in Gesprächen mit den internen Kunden herausgestellt, daß eine maximale Verweilzeit von fünf Tagen anzustreben sei. Der Mittelwert sowie die obere Eingriffsgrenze zeigt, daß diese Forderung auch bei einem ISK-Prozeß in der jetzigen Form nicht zu verwirklichen ist. Hier ist Reengineering angesagt, um den Dienstleistungsprozeß grundlegend zu ändern.

6.6
Lieferanten von technischem Material für die chemische Industrie

Im Kapitel 5 wurde bereits das Q100 Konzept erläutert. Ergänzend dazu folgen einige Beispiele und Ergebnisse.

6.6.1
Stopfbuchspackungen

Stopfbuchspackungen dienen zum Abdichten von rotierenden Wellen gegenüber feststehenden Gehäusen. Im Jahre 1990 wurden verschiedene Qualitäten von Stopfbuchspackungen verschiedener Hersteller auf die Einhaltung der Spezifikationen und auf ihre Gleichmäßigkeit hin untersucht. Der Durchmesser der geflochtenen Ware wurde in Abständen von 25 cm gemessen und in eine Regelkarte eingetragen. Das beste Ergebnis war ein Karton mit einer 18 mm dicken Packung. Die Regelkarte der horizontal gemessenen Dicke über die gesamte Länge (Abb. 6.24) ergab keinen Hinweis auf unnatürliche Variabilität. Die Regelkarte der vertikal gemessenen Dicke (Abb. 6.25), ergab ebenfalls

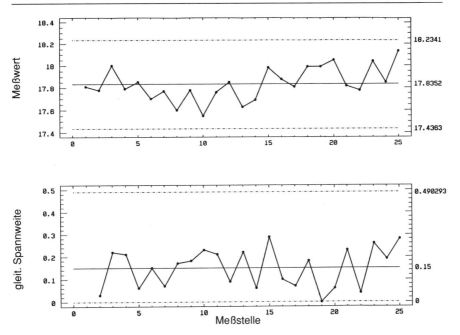

Abb. 6.24. Stopfbuchspackung A, horizontal gemessen

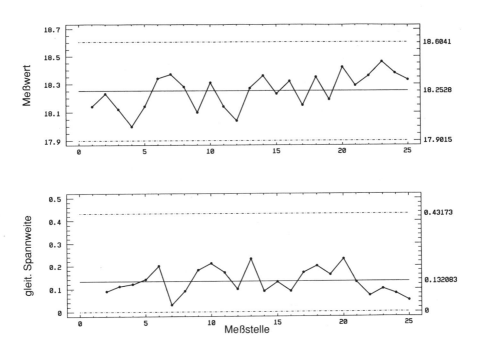

Abb. 6.25. Stopfbuchspackung A, vertikal gemessen

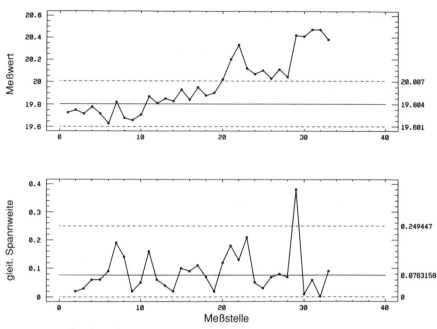

Abb. 6.26. Stopfbuchspackung B

keinen solchen Hinweis. Für den Zeitraum der Herstellung dieser Ware war der Prozeß ISK. Die Abbildungen 6.26 bis 6.28 zeigen dagegen sehr häufig unnatürliche Variabilität. Insgesamt wurden 23 Kartons horizontal und vertikal vermessen. Das Ergebnis ist in Abb. 6.29 zusammengestellt. Neben dem erwähnten ISK-Prozeß bei der 18 mm Ware wurde nur noch einmal ein Kartoninhalt ohne unnatürliche Variabilität gefunden, jedoch nur hinsichtlich der horizontalen Richtung. Da die Stopfbuchspackungen von verschiedenen Lieferanten stammten, darf dieser Zustand als Stand der Technik auf diesem Sektor im Jahre 1990 angesehen werden. Ein Lieferant war interessiert, bei seiner Produktion die statistische Prozeßkontrolle einzuführen. Der Durchmesser und damit die Qualität der produzierten Ware ist von Kampagne zu Kampagne und innerhalb der Kampagnen nach Einführung der statistischen Prozeßkontrolle sehr konstant (Abb. 6.30). Auch an den Stellen, an denen nicht gemessen wurde, liegt der Durchmesser mit großer Wahrscheinlichkeit innerhalb der Eingriffsgrenzen. Bei dieser Produktion treten keine Mängel mehr auf, und daher kann nach der Produktion auf die Prüfung des Durchmessers verzichtet werden. Beim Kunden braucht ebenfalls keine Dickenmessung zur Kontrolle durchgeführt werden, ob die Spezifikationen bei der Fertigung eingehalten wurden. Es ist lediglich eine Identprüfung, jedoch keine Qualitätsprüfung, erforderlich. Nach jeder Kampagne beim Produzenten wird die letzte Regelkarte archiviert. Bei einer späteren Wiederaufnahme der Produktion wird die Regelkarte wieder benutzt. Besonders beim Anfahren der Flechtmaschine ist

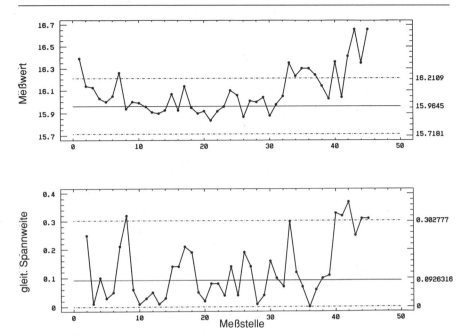

Abb. 6.27. Stopfbuchspackung C

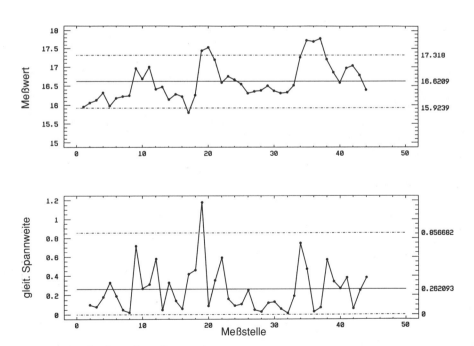

Abb. 6.28. Stopfbuchspackung D

NR	MM	Vertikal	Horizontal
26	12	NISK	NISK
26	16	NISK	NISK
26	16	NISK	NISK
26	18	NISK	NISK
26	20	NISK	NISK
26	25	NISK	NISK
26	25	NISK	NISK
27	12	NISK	NISK
27	16	NISK	NISK
27	16	NISK	NISK
27	18	*ISK*	*ISK*
27	20	NISK	NISK
27	25	NISK	NISK
28	12	NISK	NISK
28	15	NISK	NISK
28	18	NISK	NISK
28	20	NISK	NISK
31	12	NISK	NISK
31	14	NISK	NISK
31	18	NISK	NISK
31	20	NISK	NISK
31	22	NISK	*ISK*
31	25	NISK	NISK

Abb. 6.29. Qualität der Stopfbuchspackungen (1990)

die Regelkarte sehr hilfreich, denn nach ein oder zwei Messungen weiß der Flechtmeister genau, ob sein Prozeß dort fortfährt, wo er mit der letzten Kampagne aufhörte. Auch wird der unbrauchbare Anteil beim Anfahren stark verringert. Der Flechtmeister ist jetzt ebenfalls für die Qualität verantwortlich, ja er produziert jetzt Qualität. Früher wurde die Qualität durch die Qualitätssicherung gewährleistet, indem entsprechende Stichproben genommen und vermessen wurden. Entsprach die Messung nicht den Spezifikationen, so wurde das Material entweder für den Verkauf gesperrt, qualitätsmäßig herabgestuft oder auch entsorgt. Die Qualitätskosten konnten in wenigen Monaten halbiert werden.

Bedeutender noch sind die reduzierten Folgekosten bei den Kunden. Durch entsprechende Versuche beim Kunden konnten die optimalen Spezifikationen festgelegt und mittels SPC beim Produzenten eingehalten werden. Durch diese Maßnahmen erhöhte sich die Standzeit der Verpackungen um durchschnittlich 100 Prozent, was einer Arbeitsersparnis von ungefähr 1,6 Millionen DM pro Jahr entspricht. Hierbei sind die Einsparungen der längeren Standzeiten der Anlagen nicht mit berücksichtigt.

Die Entwicklung von SPC bei diesem Lieferanten für Stopfbuchspackungen ist in Abb. 6.31 zusammengefaßt. Innerhalb von zwölf Monaten war die ge-

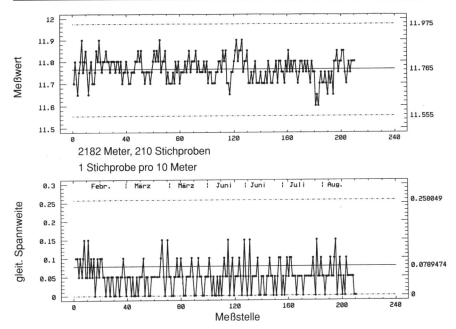

Abb. 6.30. Stopfbuchspackung E

samte Produktion mit SPC versehen und alle Mitarbeiter waren geschult. Die Ursachen für unnatürliche Variabilität waren gefunden und eliminiert. Die Regelkarten dienten vorwiegend zur Fehlerverhütung. Da die Variabilität insgesamt kleiner wurde, wurden die Eingriffsgrenzen im zweiten Jahr zweimal revidiert, d.h. verringert. Das Unternehmen stimmt nur noch Toleranzen zu, welche laut Regelkarten einzuhalten sind. Neben den Prozeßverbesserungen wurden ebenfalls die Prüfmittel in den Prozeß der ständigen Verbesserungen mit einbezogen. Nach diesen Erfolgen in der Produktion wurde SPC dann auf die Logistik ausgedehnt. Da die Lieferfähigkeit des Herstellers effizienter wurde, konnte auf den Zwischenhändler verzichtet werden. Zwischen Kunde und Lieferant wurde ein längerfristiger Vertrag geschlossen.

6.6.2
Wellringdichtungen

Der Hersteller wurde im Dezember 1993 auf das Konzept Q100 aufmerksam gemacht. Die ersten Untersuchungen ergaben erwartungsgemäß NISK-Prozesse. Auch hier wurde SPC in der Produktion eingeführt, Ursachen für unnatürliche Variabilität erkannt und eliminiert. Nachdem die Prozesse beim Lieferanten bei der Herstellung der Wellringdichtungen ISK und fähig waren, wurde ein längerfristiger Vertrag zwischen Kunde und Lieferant geschlossen.

Außerdem stieg die Konkurrenzfähigkeit des Herstellers für Wellringdichtungen, da die Produkte aus fähigen, ISK-Prozessen gegenüber den alten Pro-

```
Dezember 1990:
        Erste Besprechung


Februar 1991:
        Einführung von SPC


Oktober 1991:
        65 % der Produktion: ISK


Dezember 1991:
        Zielvorstellung:
        100 % der Produktion: ISK


Für 1992:
        SPC als Bestandteil der Unternehmenspolitik
        Ständige Prozeßverbesserungen
        (z. B. 2. Revision der Eingriffsgrenzen)
        Toleranzen sind SPC-gesichert
        Einbeziehung der Prüfmittel
        Ausdehnung auf Logistik (Lieferzeiten)
        Reduzierung der Eingangsprüfung Hoechst
        [Ausschaltung des Zwischenhändlers]
        Langfristiger Liefervertrag

Für 1993:
        Erhalten der ISK-Produktion
        Ständige Verbesserungen in Produktion und
        Vertrieb
        Formelle Einbindung der Lieferanten

Ergebnis: Höhere Qualität - geringere Kosten
```

Abb. 6.31. SPC beim Stopfbuchslieferanten

dukten und denen der Konkurrenz wesentliche Vorteile aufweisen und die Qualitätskosten drastisch gesenkt werden konnten.

6.6.3
Sicherheitsventile

Dieser Lieferant, ein mittelständisches Unternehmen mit ungefähr 240 Mitarbeitern, wurde ebenfalls mit dem Q 100 Konzept im Dezember 1993 angesprochen. Die Produkte hatten bereits ein sehr hohes Qualitätsniveau und die Firma hatte bereits im Juni 1992 das Zertifikat nach DIN ISO 9001 erhalten. Die Geschäftsleitung entschloß sich, die Methoden der universellen Sequenz und der statistischen Prozeßkontrolle auf ihre Anwendbarkeit hin zu überprüfen. Es stellte sich heraus, daß die universelle Sequenz die eigenen bisherigen Bemühungen sinnvoll ergänzt. Ein Lenkungsausschuß unter der Leitung des

Geschäftsführers koordiniert nun alle globalen Aspekte der Qualitätsverbesserungen. Ebenfalls wurden fünf Qualitätsteams eingesetzt:

- QT 1 zur Qualitätsverbesserung von Einkaufsmaterial,
- QT 2 zur Qualitätsverbesserung in Produktion, Montage und Lagerwesen,
- QT 3 zur Produktverbesserung,
- QT 4 zur Verbesserung in der Qualitätssicherung und
- QT 5 zur Ablaufoptimierung im Werk X.

Diesen 5 permanenten Qualitätsteams sind entsprechende temporäre Projektteams zugeordnet. Die statistische Prozeßkontrolle ist z. B. als Projekt dem QT 2 zugeordnet.

Ein Jahr nach der ersten Q 100-Kontaktaufnahme existierten 14 Projektteams und erste positive Ergebnisse ließen sich bereits erkennen.

Mit dieser Vorgehensweise sollen die Qualität des Unternehmens und seiner Einzelfunktionen über das bisher erreichte hohe Niveau hinaus verbessert und gleichzeitig die Kosten reduziert werden.

Die Firma hat ihr Vorgehen bezüglich Q 100 überzeugend und bereitwillig anderen Q 100-Kandidaten auf einer entsprechenden Veranstaltung vorgetragen.

6.6.4
Edelstahlblech

Ein Edelstahlblechhersteller war zunächst sehr skeptisch gegenüber Q 100. Zuerst wurden viele historische Daten vorgelegt, welche die hohe Qualität der Produkte widerspiegelten. Trotzdem wurde der Versuch unternommen, SPC zu praktizieren. In einem Walzwerk wurde an einer Walzstraße zunächst der IST-Stand aufgenommen. In regelmäßigen Abständen wurde die Banddicke vom Bediener der Walzstraße gemessen und registriert. Die Ergebnisse sind in den Abb. 6.32 und 6.33 zu sehen. Dabei wurden Prozeßänderungen erkannt und mit dem Bediener diskutiert. Der Hersteller versucht, nicht den Nennwert der Dicke zu produzieren, sondern möglichst nahe der unteren Toleranzgrenze zu liegen, um Edelstahl zu sparen. Damit wird, insbesondere bei einem NISK-Prozeß, riskiert, auch Material mit einer Dicke unterhalb der Toleranz zu produzieren. Diese Ware muß entweder als minderwertige Qualität verkauft oder eingeschmolzen werden. Die Häufigkeitsverteilung (Abb. 6.34) macht dieses Risiko deutlich. Beim vorliegenden Beispiel weicht bei 1 Prozent der Bleche die Stärke von – 13/00 mm ab, d. h. dieser Prozentsatz liegt nicht mehr innerhalb der Toleranzen von ± 8/00 mm. Man erkennt außerdem das verschenkte Material über ± 0 hinaus.

Mit Hilfe der SPC konnte die Blechdicke nach nur ca. drei Monaten wesentlich gleichmäßiger produziert werden, wie Abb. 6.33 verdeutlicht. Auch die Häufigkeitsverteilung der Blechdicken ist günstiger (Abb. 6.35). Die unerwünschten Abweichungen zu dünnerem und dickerem Material konnten vermieden werden. Vergleicht man den Prozeß vor und nach der Einführung von SPC (Abb. 6.36), so erkennt man ferner, daß außerdem der neue Mittelwert näher an der unteren Spezifikationsgrenze liegt, daß aber bei diesem ISK-Pro-

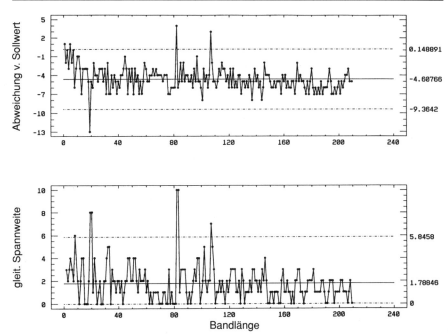

Abb. 6.32. Edelstahlblech, Banddicke vor und während der Einführung von SPC

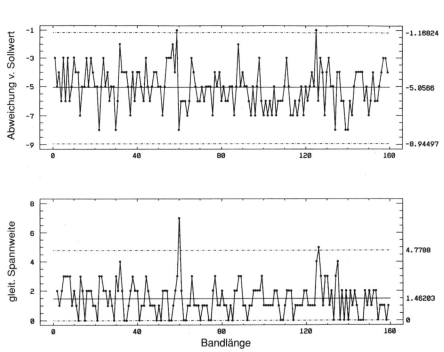

Abb. 6.33. Edelstahlblech, Banddicke nach Einführung von SPC

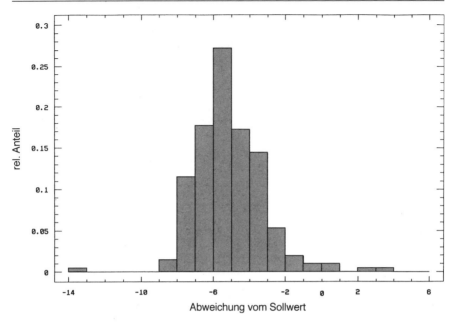

Abb. 6.34. Edelstahlblech-Banddicke vor Einführung von SPC

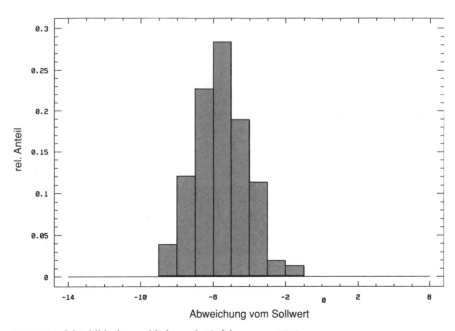

Abb. 6.35. Edelstahlblech-Banddicke nach Einführung von SPC

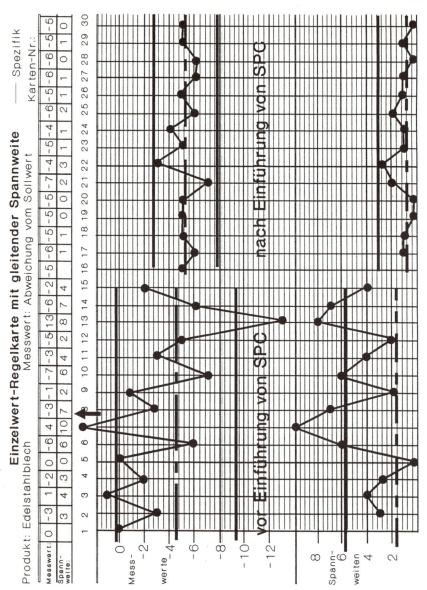

Abb. 6.36. SPC beim Edelstahlblechlieferanten

zeß mindere Qualität vermieden wird. Die Ursachen für unnatürliche Variabilität wurden erkannt und eliminiert. Zurück blieb ein Prozeß mit nur geringer natürlicher Variabilität. Die Investition für diese Prozeßverbesserung war lediglich eine Schulung der Bediener der Walzanlage.

6.6.5
Längsnahtgeschweißte Edelstahlrohre

Dieser Lieferant stellt aus Edelstahlband längsnahtgeschweißte Edelstahlrohre her. Das Edelstahlband wird in Rohrform gepreßt und verschweißt und schließlich wird das Rohr geglüht. Die statistische Prozeßkontrolle wurde zunächst beim Glühen angewandt. Nach wenigen Wochen war die Temperatur ISK. Danach wandte man sich der Schweißnaht zu. Hier wollte sich jedoch kein ISK-Prozeß einstellen. Anhand der geführten Regelkarten war jedoch eine klare Abhängigkeit von den Bedienern festzustellen. Obwohl sich alle Mitarbeiter streng an die Arbeitsanweisungen hielten, hatte jeder Bediener seine Art, den Prozeß zu führen. Nachdem diese Abhängigkeit erkannt wurde, hat man die Mitarbeiter enger in die Bemühungen einbezogen und nach einer intensiven Schulung war das Team in der Lage, den Prozeß konstant zu fahren. Der Fortschritt wurde auf eine sehr eindrucksvolle Art und Weise visualisiert. Die SPC Ergebnisse wurden in einem DIN A4 Blatt registriert, auf dem jede Regelkarte eine eigene Zeile erhielt. Notiert wurde die Anzahl der jeweiligen Regelverletzungen. Die Summe der Regelverletzungen pro Regelkarte zeigt sehr deutlich den Fortschritt in den Bemühungen, die Ursachen für die unnatürliche Variabilität zu erkennen und zu eliminieren.

6.6.6
Rohrflansche

Dieser Hersteller von Rohrflanschen hat bereits im Jahre 1992 mit der Einführung von SPC begonnen und ist bei einer ganzen Produktpalette dem fähigen ISK-Prozeß sehr nahe gekommen. Auch er benutzt den im vorigen Beispiel erwähnten SPC-Fortschrittsbericht. In Abb. 6.37 ist der Fortschritt bei einem Artikel anhand der Regelverletzungen deutlich erkennbar. Nach einem halben Jahr lag bei diesem Artikel und bei diesem Qualitätsmerkmal ein fähiger ISK-Prozeß vor. Eine Übertragung auf andere Qualitätskriterien und andere Artikelgrößen folgte. Auch hier kann in absehbarer Zeit die Zahl der Qualitätsprüfungen reduziert werden, da nur noch einwandfreie, spezifikationsgerechte Ware produziert wird.

6.6.7
Absperrhähne

Ein Qualitätsmerkmal dieser Hähne ist das Drehmoment, das jedoch bei neu angelieferten Hähnen sehr stark schwankte. Das Problem wurde mit der Lieferfirma besprochen und gleichzeitig auf das Konzept Q 100 aufmerksam gemacht. Aufgrund von konstruktiven Änderungen und mit Hilfe der statisti-

Lieferant: XXXXX
Produkt: V-Flansch   Attributive Merkmale:
Prozeß: Drehen   Kennzeichnung
Merkmal: Gesamthöhe h1   Oberfläche
Maßeinheit: mm

| RK Nr. | Monat | Jahr | Anzahl Regelverletzungen | | | | | | | Su. | CPK wenn Su. =0 | X̄ | R̄ |
			1 > OEG	2 2/3 <R	3 <UEG >OEG	4 7	5 8	6 2v3 >2s	7 4v5 >1s				
1	Aug.	94	1	0	3	0	2	2	3	11		38,0	0,045
2	Aug.	94	1	0	1	0	1	0	2	5			
3	Aug.	94	1	0	1	0	2	2	2	8			
4	Aug.	94	2	0	0	0	0	1	1	4			
5	Sept	94	1	1	2	0	1	0	2	7			
6	Sept	94	0	1	1	0	2	2	4	10			
7	Sept	94	0	1	1	0	1	1	2	6			
8	Sept	94	0	1	0	0	0	0	0	1			
9	Sept	94	0	1	0	1	0	0	0	2			
10	Sept	94	0	1	0	0	0	0	0	1			
11	Sept	94	0	1	1	0	0	0	0	2			
12	Sept	94	1	1	0	0	0	1	0	3			
13	Sept	94	4	0	4	0	1	2	1	12			
14	Okt.	94	0	1	0	0	0	0	0	1			
15	Okt.	94	0	1	0	0	1	0	0	2			
16	Okt.	94	0	1	0	0	1	0	0	2			
17	Dez.	94	0	1	0	0	0	0	0	1			
18	Dez.	94	0	1	0	0	0	0	0	1			
19	Dez.	94	0	1	0	0	0	0	0	1			
20	Dez.	94	0	0	0	0	0	0	0	0	1.25	38,0	0,039

Abb. 6.37. SPC-Fortschrittsbericht

schen Prozeßkontrolle konnte ein wesentlich günstigeres Drehmoment erreicht werden. Die Schwankungen sind so gering, daß sich der Einsatz in der Automatisierung anbietet. Dadurch hat dieser Hersteller signifikante Vorteile gegenüber der Konkurrenz erreicht.

6.6.8
Gleitringdichtungen

Dieser Hersteller bezieht von der chemischen Industrie keramische Bauteile, welche mit Hilfe von SPC gefertigt werden. Die Gleitringdichtungen werden ihrerseits mit Hilfe der statistischen Prozeßkontrolle gefertigt und werden u. a. auch in der chemischen Industrie direkt oder über andere Bauteile und Aggregate, wie z. B. Pumpen, eingesetzt.

6.7
Schlußbemerkungen

Der Ring schließt sich. Mehr und mehr Firmen profitieren von den Methoden zur Qualitätsverbesserung, besonders von der universellen Sequenz und der statistischen Prozeßkontrolle. Die Methoden, welche von Deming und Juran nach Japan gebracht wurden und dort so erfolgreich angewandt wurden, haben auch in der Bundesrepublik ihren Stellenwert. Sie können dazu beitragen, die Qualität zu erhöhen, die Kosten zu reduzieren und die Kundenzufriedenheit zu steigern. Die Prozesse können transparent gesteuert und verbessert werden und entscheidend zum Unternehmenserfolg beitragen.

7 Literaturverzeichnis

Kapitel 1

1. Zürn P (1991) Ethik im Management. Frankfurter Zeitung, Blick durch die Wirtschaft, Frankfurt/M.
2. Lay R (1989) Kommunikation für Manager. Econ Verlag, Düsseldorf
3. Eibl-Eibesfeldt I (1988) Der Mensch – das riskierte Wesen. Piper Verlag, München
4. Dönhoff M, Miegel M, Nölling W, Schmidt H, Schröder R, Thierse W (1992) Weil das Land sich ändern muß. Rowohlt Verlag, Reinbek bei Hamburg
5. Alfred Herrhausen Gesellschaft für internationalen Dialog (1994) Arbeit der Zukunft, Zukunft der Arbeit. Schäffer-Poeschel Verlag, Stuttgart
6. Jaspers K (1992) Die großen Philosophen. Piper Verlag, München
7. Weimer A, Weimer W (1994) Mit Platon zum Profit. Frankfurter Allgemeine Zeitung, Verlagsbereich Wirtschaftsbücher. Frankfurt/M.
8. Wittschier M (1994) Erkenne dich selbst. Patmos Verlag, Düsseldorf
9. Buzell R D, Gale B T (1989) Das PIMS-Programm, Strategien und Unternehmenserfolg. Gabler Verlag, Wiesbaden (PIMS = Profit Impact of Market Strategy)
10. Gaitanides M et al. (1994) Prozeßmanagement. Carl Hanser Verlag, München
11. Hammer M, Champy J (1994) Business Reengineering. Campus Verlag, Frankfurt/M.
12. Sommerlatte T, Wedekind E (1989) Leistungsprozesse und Organisationsstruktur. In: Little A D (Hrsg) Management der Hochleistungsorganisation. Wiesbaden
13. DIN ISO 9001, Qualitätsmanagementsystem: Modell zur Darlegung. Beuth-Verlag, Berlin, 1994
14. Miles D (1969) Wertanalyse, die praktische Methode zur Kostensenkung. Verlag Moderne Industrie, Landsberg
15. Huber R (1987) Gemeinkosten-Wertanalyse. Verlag Paul Haupt, Bern und Stuttgart
16. Deutscher Normenausschuß (Hrsg). DIN 66001, Sinnbilder für Datenfluß- und Programmablaufpläne, Deutsches Institut für Normung (DIN). Beuth-Verlag, Berlin, 1983
17. IDS Prof. Scheer GmbH, Hellbergstraße 3, 66121 Saarbrücken
18. Malcolm-Baldrige-National-Quality-Award (MBNQA), American Society for Quality Control, P. O. Box 3005, Milwaukee, WI 53201-3005
19. European Foundation for Quality Management (EFQM), Brussels Representative Office, Avenue des Pleiades 19, B-1200 Brüssel
20. Runge J H (1994) Schlank durch Total Quality Management. Campus Verlag, Frankfurt/M.
21. Doppler K, Lauterberg C (1994) Change Management. Campus Verlag, Frankfurt/M.
22. Bösenberg D, Metzen H (1993) Lean Management. Verlag Moderne Industrie, Landsberg/Lech
23. Zink K J (Hrsg) (1994) Business Excellence durch TQM. Hanser Verlag, München
24. Guaspari J (1989) Ich weiß es, wenn ich's sehe. Königsteiner Wirtschaftsverlag, Königstein/Ts.
25. Nobbe Pinter Vögele (1993) Verantwortung im Unternehmen. Luchterland Verlag, Neuwied, Kriftel, Berlin
26. Ellringmann H (1993) Muster-Handbuch Umweltschutz. Luchterland Verlag, Neuwied, Kriftel, Berlin

27. Adams H W (1995) Integriertes Management-System für Sicherheit und Umweltschutz. Hanser Verlag, München, Wien
28. Madauss B (1990) Projektmanagement: ein Handbuch für Industriebetriebe, Unternehmensberater und Behörden. Poeschel-Verlag, Stuttgart
29. Staal R (1987) Qualitätszirkel-Handbuch für Praktiker. Schäffer Verlag, Stuttgart

Kapitel 2

30. Firmenbroschüre der Hoechst AG, aus der Reihe „Qualität bei Hoechst": „Ständige Verbesserungen"
31. Juran J M Quality Control Handbook, 4. Ausgabe, McGraw-Hill Book Company
32. Imai M (1992) Kaizen. Wirtschaftsverlag Langen, Müller/Herbig
33. Staal R (1990) Qualitätsorientierte Unternehmensführung. VDI-Verlag, Düsseldorf
34. Wheeler D, Chambers D S (1986) Understanding Statistical Process Control. Statistical Process Controls, Inc. Keith Press, Knoxville, Tennessee, USA
35. Shewhart W A Economic Control of Quality of Manufactured Product. American Society for Quality Control, P.O.Box 3005, Milwaukee, Wisconsin, USA
36. Firmenbroschüre der Hoechst AG, aus der Reihe „Qualität bei Hoechst": „Quality Function Deployment, Qualitätserwartungen Fokussieren und Durchplanen"
37. Akao Y (1990) Quality Function Deployment, QFD, Integrating Customer Requirements into Product design. Productivity Press, Longbridge/Massachussetts, Norwalk/Connecticut, USA
38. King B Better Design in Half the Time, Implementing QFD, Quality Function Deployment in America. GOAL/QPC, 13 Branch Street, Methuen, Ma 01844, 1. Edition
39. Sullivan L P (1989) Quality Function Deployment, A System to assure that customer needs drive the product design and product process. Quality Press
40. Danzer H H (1989) Qualitätsdenken stärkt die Schlagkraft des Unternehmens. Verlag Moderne Industrie, Landsberg/Lech
41. Zink K J (1989) Qualität als Managementaufgabe, Total Quality Management. Verlag Moderne Industrie, Landsberg/Lech
42. Firmenbroschüre der Hoechst AG, aus der Reihe „Qualität bei Hoechst": „Fehler-Möglichkeiten Erkennen und Ausschalten"
43. Firmenbroschüre von Ford: Fehler-Möglichkeiten und Einfluß-Analyse – Instruktionsleitfaden, Ford Motor Company, 1988
44. Firmenbroschüre von Mercedes Benz: Fehler-Möglichkeits- und Einfluß-Analyse (FMEA) Leitfaden zur Anwendung, 1990
45. Firmenbroschüre der Hoechst AG, aus der Reihe „Qualität bei Hoechst": „Statistische Versuchsplanung"
46. Box G E P, Draper N R (1987) Empirical Model Building and Response Surfaces. Wiley, New York, USA
47. Carlson R (1992) Design and Optimization in Organic Synthesis. Elsevier, Amsterdam
48. Goldberg D E (1989) Genetic Algorithms in Search, Optimization and Machine Learning. Addison-Wesley, Reading Mass. USA
49. Montgomery D C (1991) Design and Analysis of Experiments (3rd ed.), Wiley, New York, USA
50. Rethlaff G, Rust G, Waibel J (1978) Statistische Versuchsplanung, 2. Auflage. Verlag Chemie, Weinheim
51. Taguchi G (1987) System of Experimental Design, Vol I und II. Engl. Ausg. Kraus International Publications, New York, USA
52. Wheeler D (1990) Understanding Industrial Experimentation. Statistical Process Controls, Inc. Keith Press, Knoxville, USA
53. Bemowski K (1991) The Benchmarking Bandwagon. Quality Progress
54. Camp R C (1994) Benchmarking. Carl Hanser Verlag, München

Kapitel 4

55. Western Electric. Statistical Quality Control Handbook. AT&T Technologies, Commercial Sales Clerk, Select Code 700-444, P.O.Box 19901, Indianapolis, Indiana

56. Bläsing J Handbuch der Western Electric Company, Statistische Qualitätskontrolle. Gesellschaft für Management und Technologie AG, Dierauerstr. 3, CH-9000 St. Gallen

57. Deming E W (1988) Out of the crisis. Massachusetts Institute of Technology: Cambridge, Mass.

58. Deming E W (1982) Quality, Productivity and Competitive Position. Massachusetts Institute of Technology: Cambridge, Mass, USA

59. Ishikawa K Guide to Quality Control. Asian Productivity Organization, Aoyama Dai-ichi Mansions, Akasaka 8-chome, Minato-ku, Tokyo 107, Japan

60. Kilian C The World of W. Edwards Deming. SPC Press, Inc, 5908 Toole Drive Suite c, Knoxville Tennessee, USA

61. Neave H The Deming Dimension. SPC Press, Inc, 5908 Toole Drive Suite c, Knoxville Tennessee, USA

62. Wheeler D Understanding Variation, The Key to Managing Chaos. SPC Press, Inc, 5908 Toole Drive, Suite c, Knoxville Tennessee, USA

Sachverzeichnis

Springer-Verlag und Umwelt

H.-G. Krüger

Anlagenmanagement

Technik, Betriebswirtschaft und Organisation

1995. XII, 342 S. 76 Abb. Geb. **DM 98,-**; öS 764,40; sFr 86,50
ISBN 3-540-57919-2

Die untrennbaren betriebswirtschaftlichen und technischen
Aspekte des Betreibens und der Instandhaltung von Anlagen
werden hier von einem Praktiker für Praktiker dargestellt.
Angesprochen sind Generalisten in Produktion und Dienst-
leistung. Das Buch vermittelt Grundlagen, Kenntnisse und
Erfahrungen über

- Anlagen von der Konzeption bis zur Verschrottung;
- Zuverlässigkeit und Verfügbarkeit, Störungen und Schäden;
- Organisation von Betrieb, Produktion, Qualität;
- CIM und Lean Production;
- Strategie, Technik und Organisation der Instandhaltung;
- Betriebswirtschaft des Anlagenmanagements;
- Technische Materialwirtschaft;
- Zeitwirtschaft, Entlohnung, Gruppenarbeit, EDV.

Springer

Preisänderungen vorbehalten.

Springer-Verlag, Postfach 31 13 40, D-10643 Berlin, Fax 0 30 / 8 27 87 - 3 01 / 4 48   e-mail: orders@springer.de   BA96.06.20a

Qualitätsmanagement im Unternehmen

Grundlagen, Methoden und Werkzeuge
Praxisbeispiele

8. Aufl. 1996. 1490 S. (Qualitätsmanagement im Unternehmen Grundlagen, Methoden und Werkzeuge, Praxisbeispiele) **DM 248,-**; öS 1810,40; sFr 216,- ISBN 3-540-61184-3

Die negativen gesamtwirtschaftlichen Grunddaten, die verschärfte Konkurrenzsituation und die Einführung der Produkthaftung erhöhen den Druck auf die Unternehmen. Neben der Reduzierung der Produktionskosten lautet die einheitliche Antwort der Experten auf diese dreifache Herausforderung: Steigerung der Qualität. Gemeint ist nicht nur die Qualität der Produkte, sondern auch die Qualität der damit verbundenen Dienstleistungen. Der Kunde rückt ins Zentrum der strategischen Planung. Zur Umsetzung der gesteckten Ziele ist eine unübersehbare und ständig wachsende Flut von Methoden und Werkzeugen entwickelt worden. Hier setzt das *Loseblattwerk Qualitätsmanagement* an. Es bietet dem oberen und mittleren Management kleiner und mittlerer Unternehmen Hilfe bei folgenden Fragen: - Was steckt hinter dieser oder jener Methode? - Welches Verfahren ist zum jetzigen Zeitpunkt das richtige für mein Unternehmen? - Wie gehe ich vor bei der Einführung und Weiterentwicklung dieser Methode oder jenes Werkzeugs? Das *Loseblattwerk Qualitätsmanagement* ist das geeignete Medium, auf die dynamische Entwicklung angemessen zu reagieren. Es wendet sich an „Einsteiger" und „Fortgeschrittene" der Qualitätssicherung in den Produktionsbetrieben und Dienstleistungsunternehmen. Das Herausgeberteam und die Autoren sind erfahrene Universitätsprofessoren, Praktiker aus Unternehmen sowie Unternehmensberater, die Praxisnähe garantieren und die neuesten Entwicklungen auf dem Gebiet des Qualitätsmanagements didaktisch gut aufbereiten. Sie bieten zahlreiche Arbeitshilfen in Form von Checklisten, Fragebögen und Anweisungen an.

Springer

Springer-Verlag, Postfach 31 13 40, D-10643 Berlin, Fax 0 30 / 8 27 87 - 3 01 / 4 48   e-mail: orders@springer.de   BA96.06.20a

G.F. Kamiske (Hrsg.)

Die Hohe Schule des Total Quality Management

1994. X, 393 S. 159 Abb. Geb. **DM 78,-**; öS 608,40; sFr 69,-
ISBN 3-540-57726-2

Total Quality Management TQM ist die auf der Mitwirkung aller
ihrer Mitglieder beruhende Führungsmethode einer Organisation, die die Qualität in den Mittelpunkt stellt und durch Kundenzufriedenheit auf langfristigen Unternehmenserfolg zielt. TQM
verspricht Produktivitätsschübe und Rentabilitätsverbesserungen
wie sonst keines der bekannten Führungsmodelle. Ohne zukünftige Ingenieurleistungen zu vernachlässigen, rücken Kunden und
Mitarbeiter in den Vordergrund. Das Buch stellt die hohen und
vielschichtigen Anforderungen an die Führungskompetenz der
für unsere Wirtschaft Verantwortlichen heraus, die sich unter
den Gesichtspunkten des Total Quality Managements erheblich
verändert haben. Qualifizierte Persönlichkeiten aus dem
deutschsprachigen Raum vermitteln den derzeitigen Wissens-
stand und interpretieren das weltweite Qualitätsgeschehen.

Springer

Preisänderungen vorbehalten.

Springer-Verlag, Postfach 31 13 40, D-10643 Berlin, Fax 0 30 / 8 27 87 - 3 01 / 4 48   e-mail: orders@springer.de   BA96.06.20a